Der

人格阴影

认识并接纳隐藏的自我

[瑞士] 维雷娜·卡斯特 —————— 著

陈国鹏 —————— 译

Schatten

in

uns

中国经济出版社
CHINA ECONOMIC PUBLISHING HOUSE
·北 京·

图书在版编目（CIP）数据

人格阴影／（瑞士）维雷娜·卡斯特著；陈国鹏译. 北京：中国经济出版社，2024. 9. -- ISBN 978-7-5136-7854-4

Ⅰ. B848-49

中国国家版本馆 CIP 数据核字第 2024NA7820 号

First published in 1999 by Walter Verlag.

引进书版权合同登记号：图字 01-2024-3776

责任编辑　陶栎宇
责任印制　马小宾
封面设计　尧丽设计

出版发行　中国经济出版社
印 刷 者　北京艾普海德印刷有限公司
经 销 者　各地新华书店
开　　本　880mm×1230mm　1/32
印　　张　8
字　　数　122 千字
版　　次　2024 年 10 月第 1 版
印　　次　2024 年 10 月第 1 次
定　　价　59.80 元
广告经营许可证　京西工商广字第 8179 号

中国经济出版社　**网址** http://epc.sinopec.com/epc/　**社址** 北京市东城区安定门外大街 58 号　**邮编** 100011
本版图书如存在印装质量问题，请与本社销售中心联系调换（联系电话：010-57512564）

译序 | 陈国鹏

人格阴影处于人格的最内层，是那些不能公之于众的人格特征。它们一旦被暴露于光天化日之下，当事人就会感到非常难堪、羞愧和害怕。按照荣格[1]的说法，人格阴影是具有兽性的、低级的种族遗传，它包括一切激情和不道德的欲望及行为，类似于弗洛伊德[2]所称的“伊

---

① 荣格：全名卡尔·古斯塔夫·荣格（Carl Gustav Jung，1875—1961），瑞士心理学家。分析心理学创始人。1908 年创办国际精神分析学协会。首先提出“情结”概念，主张把人格分为意识、个人无意识和集体无意识三层。——编者注

② 弗洛伊德：全名西格蒙得·弗洛伊德（Sigmund Freud，1856—1939），奥地利心理学家、精神病医师。精神分析学派创始人。他把人的心理分为意识、无意识（包括被压抑的无意识和潜伏的无意识），认为存在于无意识中的性本能是人的心理的基本动力，是支配个人命运、决定社会发展的力量；并把人格分为本我、自我和超我三部分。主要著作有《梦的解析》《精神分析引论》等。——编者注

底”。这些原始的、本能的需要和行为常常与社会的行为规范和道德准则不相一致，所以不能让人知道。于是这一部分人格就被压抑在内心中。人们不让它们表现出来，表现出来的都是经过乔装打扮的人格面具。人格面具投合于别人对他的期望，它与真正的人格不符，是掩盖了真正人格的假象。人格面具就是那些可以让人看到，能得到他人承认，但自己并不具备的一些特征。

不可否认，阴影人人都有。但我们大多数人常固执地否认自己的阴影，因为担心它们一旦被人知道，就会有损我们的声誉，所以常使自己陷入害怕和恐惧之中，或者常常感到非常紧张和疲劳，因为长时间戴着人格面具生活会让人很辛苦。如果人们能正视自己的阴影行为，并接纳它，轻松面对表现出来的阴影，那么，这不仅是一种豁达、自信的表现，也能使自己更有自我安全感。当然，这样一来这个人就不再是一个十全十美的、无可指摘的人，因为大家都知道他有不太高尚的行为和思想，有缺点和不足。但是，接纳自己的阴影能使人不再感到恐惧，使人更坦诚，使人表里如一地生活。更重要的是，阴影也是现实洞察力和正常反应力的源泉，阴影行为在有的场合也能产生积极的作用，它能形成一股力量，在需要的时候对于个人来说意义重大。比如，当人面临某些需要迅速做出反应的时刻，自我往往来不及分析估计形势，不能及时做出最适当的反应。在这种情形下，人的自我被形势的突然变化搞得措手不及，而阴影就会以自己特有的方式对此做出反应，帮助人渡过难关。有的人无法面对自己的阴影，于是把它们压抑在心里，或者把它们投射到别人身上，然后饶有兴趣地加以欣赏，好像与自己无关。这种做法会带来一个严重的后果——人们不再探索自己存在的问题和缺陷，不去解决自己的阴影行为，因为这已不是“他”的事，而是“别人”的事了。这样一来，人就不能对各种危险和威胁做出有效的反应。

人们往往一方面对自己的阴影千方百计地加以掩饰，另一方面又对别人的阴影表现出强烈的兴趣，千方百计地加以窥探，还要把别人的短处大肆宣扬，这是人类的弱点。

对阴影的研究是心理学精神分析学派最感兴趣的内容之一。荣格和弗洛伊德都曾对此进行过研究，并有一系列论述，他们的弟子更是乐此不疲。他们主要研究人类的阴影在什么情形下形成、由哪些方面组成、应该如何正确地面对它。

本书作者是一名长期从事心理治疗的心理学家。她曾担任过国际深层心理学会副主席，在瑞士苏黎世大学担任心理学教授，同时，她还作为一名心理治疗师活跃在心理治疗的舞台上。她在这一领域有过许多研究，并发表了一系列著作和论文，本书即其中之一。本书论述了在各种场合下出现的阴影类型，例如在家庭中、情侣间、同事交往中，以及形形色色的阴影表现，它对于我们了解阴影大有裨益。

由于译者的水平有限，出现错误在所难免，敬请同行和读者批评指正。

自序 | 维雷娜·卡斯特

关于人格阴影的研讨，就如世界上存在的其他永恒命题一样，历久弥新，永不过时。让我们回忆一下罗伯特·路易·斯蒂文森[①]在他的作品《吉基尔博士和海德先生奇案》中描述的情节吧——那位出没于夜色中的海德先生由本能操控，潜藏在阴暗的角落；吉基尔博士却一向与人为善，乐于助人——作品影射的不是善恶不同的两个人，而是一个人善恶不同的两面。人的一面是光明

---

① 罗伯特·路易·斯蒂文森（Robert Louis Stevenson，1850—1894）：英国小说家、律师。主要作品有小说《金银岛》《化身博士》等，大多描写冒险事迹或情节离奇的怪诞故事。《化身博士》直译为《吉基尔博士和海德先生奇案》，书中塑造了文学史上首位双重人格形象，“吉基尔和海德”（Jekyll and Hyde）一词后来成为心理学“双重人格”的代称。——编者注

美好的，另一面却是阴险丑陋的。而这丑陋的一面，就是人格阴影。这个故事中展现的不仅是不同意识态度的碰撞，也是人性的写照：人们总是极力展示积极的一面，压抑消极的甚至可能被谴责的一面。当然，作为例证，这个故事是非常合适的。人格阴影是隐藏起来的、不好的、不合规范的，具有破坏性的倾向，我们一直与之共存，却似乎对它毫无办法。

人们知道人格阴影的存在，对其进行过描述，也提出了应该如何应对它的设想。有人会将人格阴影投射到其他人身上，进而解释为："别人才是阴险狡诈的，而不是我！"抱持这一观点的人应该受到谴责，因为他们无法正确评价和对待自己的阴影。

卡尔·古斯塔夫·荣格在 1912 年首次提出了阴影理论。此后，荣格学派的学者不断丰富着这一学说的内容。初识这一学说时最引人注意的就是，它描述了我们的自我期待与真实自我之间的矛盾，即真实的自我让我们感到尴尬和痛苦。当然，这一学说的内涵不限于此，而是要丰富得多。通常来说，人格阴影对于我们来说是陌生的，但它并非简单的"恶"。陌生的事物，正如其他未知的事物一样，会让我们感到恐惧、厌恶。人格阴影可以通过投射实验进行简单解析，这一问题的解决取决于我们对有可能产生阴影的敏感问题的处理机制和对陌生事物的处理方法——当然，这也是非常重要的命题。

在本书中，我借此对个人生活、婚姻生活、群体生活中出现的阴影问题及其处理机制发表了我的看法。非常荣幸，本书可以经 Patmos 出版社再版。感谢我的编辑克里斯蒂娜·纽恩，我们之间的合作一直非常愉快，由衷感谢你的承诺。

目 录

第一章

阴影——荣格的一个概念

哪里有光的照射，哪里就会产生阴影。人们看到阴影就可以找到光源——光明和黑暗是互为条件、互相依存的。自然界中是这样，人格中也同样如此。我们把自己的某些方面公之于众，让人了解，同时，却把自己的一些特征隐藏在阴影里，或者说，我们从一开始就试图把自己的某些方面置于半黑暗或完全的黑暗中。

这种有关光和阴影的隐喻表明了荣格两个互相制约的概念——人格面具和阴影。我们把人类的阴影看作是一些不能处于光天化日之下而被人看到的人格特征。这些特征一旦被公开，至少在那个瞬间会令当事人感到难堪，大多数人会为此而感到羞愧和不安。

在某个人自己的阴影中可能涉及人格中与某种行为有关并且不会被此人所承认的个别特征，比如嫉妒和贪婪。与此有关的还有所有在某个时间里连我们自己都无法接受的意识中的特征和行为，我们总是试图把它们排斥出去，但阴影始终深藏在我们的内心。

阴影是一个具有重要意义的心理学概念。它由荣格在 1912 年首次提出[1]，它出自 E. T. A. 霍夫曼的作品《魔鬼的迷魂汤》中的“阴影兄弟”。从此，对阴影的研究就成为荣格思索的课题，特别是在 1939 年。后来，荣格又在 1945 年和 1946 年屡次在他的著作中提及此概念。1948 年，埃里希·诺伊曼出版了有关该课题的一本专著——《深层心理学和新伦理学》，他在书中对阴影进行了探讨，并提出了如何把它加以整合的建议。

继荣格之后，西格蒙得·弗洛伊德也“找到”了阴影这一研究题目。荣格把弗洛伊德的“解释方法”视作“对人的阴影方面深入细致的探索”[2]。它不是对人的本质的幻想，而是对人的人格理想化观点的最好解释。但荣格也补充道，人们不能仅仅从阴影方面就对他人做出解释。这也是荣格一贯的思想。“归根结底，最重要的不是阴影，而是产生阴影的载体。”[3]所以，在荣格的心理学中不仅要了解人的病理学，还应观察其体质的强弱。荣格疗法从一开始就被视作资源导向的心理治疗。

正如霍夫曼在《魔鬼的迷魂汤》一书里的“阴影兄弟”篇中所说的那样，阴影长期以来一直是许多文学作品的主题——它是一个永恒的、有趣的、普通人的主题。深层心理学特别关注人的阴影在什么情境下形成、由哪些方面组成和应该如何理性地看待它。这是一个根本问题。因为无论如何，阴影涉及人的阴暗面，它对人际关系具有极大的破坏作用。

我们对光和阴影的隐喻稍加思考就会明白，对待阴影的问题不是那么简单的。无论如何，都不应简单地认为“哪里有阴影，哪里就有光”就可以了。因为任何一种新的光源都会产生新的阴影。在对阴影进行探讨时，原则上要承认阴影，要明白光明和黑暗在人类生活中是相互作用的；同时，还应致力于发展对阴影的感受性，以使我们学会认真地对待我们身上的一些类似于阴影的特征。这并不会使我们丧失价值，反而会让我们对价值进行重新评价。

第二章

人格面具和阴影

如前所述，光和阴影的隐喻表明了荣格的两个概念，即人格面具和阴影。戴面具的表演可以追溯到古希腊的戏剧。那时，演员头戴一个他所扮演的神话人物的面具——一种人格面具，这样演员就与角色同一了。如果我们也戴上一个“心灵的面具”[1]，并不是与神话人物同一，而是与对我们自己的想象同一，即我们面对某种情况时该如何表现得最好。我们展示给众人的这种形象有可能与我们的身份一致起来，但我们也会有不真实的感觉，会有一种扮演我们不熟悉的角色的感觉，一种伪装自己的感觉。

人格面具一方面要符合我们的自我理想，另一方面要与别人如何看待我们自己的想象一致。为了尽可能地使自己完美，我们会把那些不太“漂亮”的方面尽量隐藏。这样来理解的话，阴影就是连我们自己也不能接受、不能相信的东西了。然而，不管怎么隐藏，也不管如何与我们的意志相违背，它都是我们人格中的一部分，并且会显示出来。

与这种人格面具行为和人格面具表现相关的问题是：“人”究竟寻找什么理由“打扮”自己。这些理由多与自我控制有关。比如，“人”在某种情境中如何适度地控制情感？“人”应该表露多少情感？“人”应该在哪些方面表现自己？

服饰、发型、化妆、体格、脸蛋、伪装，还有汽车，这些都是人格面具的象征性表现。正如我们会掩盖自己，我们也会暴露自己、表现自己。我们不仅经常表现出那些我们打算表现的东西，也会表现出我们原本要隐藏起来的东西，那就是阴影。

人格面具，也就是我们在一定的关系情境中要表现的东西。它是我们在一定社会情境中表达人格魅力时所展现出来的东西。更确切地说，我们可以静态地把“人格面具”看作人们过去的所作所为，并把它视作与社会角色的同一；我们也可以从动态的角度对它进行界定，它是人们当下的所作所为。

“一个人要完全地与他在世界上扮演的角色同一”，荣格曾经是这样谈论人格面具的：

> 一种经常的情况是，人格面具及其适应系统和我们同世界交往的举止的同一。所以几乎每种职业都有其独特的人格面具。……世界迫使人们具备某种行为模式，职业人士努力适应这种期望。只有当人们要与人格面具同一，就像教授要与他们的教科书同一时，危险就来临了……[2]

荣格在这里描述了一种“凝固”了的人格面具：一个人扮演一种角色，也许除了这一角色外，他不能再扮演其他角色。人一旦凝固在一种角色上，就不再能觉察到活生生的人格。

如今，不仅人格面具行为被灵活地运用，这一概念本身也是如此。生活方式的转变不再与对某一种人格面具的要求联系在一起：祖母一辈在绝经后会身穿黑衣，如今这种衣着方式已不再受到年龄的限制。人们会越来越多地发现在对待人格面具方面的轻率行为，乃至会产生这样的问题：在这样一种社会关系中，我该如何“表演”自己？这可能是媒体作用的结果：一方面，媒体向我们提供了许多自我表现的模式；另一方面，它们在强迫我们表演自己。

这样的“表演”也可以由艺术家来做，比如辛迪·谢尔曼①。她曾经打算揭开“社会的化妆与显示‘女人’[3]身份的紧身上衣”二者之间的联系。女性艺术家对“社会的化妆是一种角色的强迫，也是人格面具的强迫”进行了质疑。同时她们也表明，人不必屈服于这种强迫之下。

如果不是被非常严厉地强迫扮演一种角色，不是僵硬死板而是灵活随意地运用人格面具，这时就可以认为，人们可能是愿意站在某个阴影一边的，而不是为了“好看”。固定的角色观念可能会成为阴影，成为我们拒绝也被别人谴责为“未释放”的东西。这种人格面具游戏和陈旧呆板的角色行为之间的差异，事实上是能够被我们意识到的。由此也产生了一个问题：我们如何才能表述

---

① 辛迪·谢尔曼（1954— ）：美国艺术家和摄影艺术家。以自己出演所有摄影作品中的主角为特点闻名于世。——编者注

自己的人格，随着人格面具被灵活运用——这无疑是一百多年来深层心理学思维所起的作用——人们不能不关心自身同一性的问题。

人格面具的作用

人格面具调节着我们与外界之间的关系，它显示了我们想要表现的东西，以及我们人格中“应该”让他人看到和承认的一面。我们正是通过这种对自己的表述来确认我们是把自己描绘成“多面”的人，还是一成不变的人。就此而言，我们完全是以人格面具来表现我们同一性的方面。同一性不仅指内在的东西，也必定能被环境证实。如果只是“我”自认为是个艺术家，但世界上没有人能证明这一点，那“我”就不是一个艺术家。

这种来自外界的证实也调节着我们的自我价值观。一方面，我们通常总是试图采取那种能为绝大多数人所接受的人格面具行为。同时，我们也知道哪种行为不能采取，因为那样会显露出自己真实的人格。

有时我们知道该如何表现自己，该采取怎样的行为，但我们不能这样做，因为我们要表现真实。这种展现真实的需要和必须承担某种社会指定角色的必要性之间会发生冲突。

另一方面，有些人早就放弃了这种“被接受”。他们制作一个让人害怕的人格面具，让人大吃一惊，或至少会引起别人的关注。他们以另类打扮来表现自己，通过这种方式提出“我究竟是谁”的问题。人格面具的表现和人格面具的行为不仅是阴影的另一面，也使人看到人格的核心。

如前所述，人格面具也是根据“我们的行为要符合我们的想象”这种理念来调节与外界的联系的，即想象如何在一定的情境中引发感受，人应该在何种程度上控制自己的情感，应该以何种方式与情感交往。同时，日常间的一些共同习惯也是人格面具行为，诸如礼貌方面的种种习惯。马里奥·雅各比[4]强调，人格面具在很大程度上保护了个人隐私。他形象地说明了，如果我们不遵守这种习惯，如果我们把每种感受都直截了当地表达出来，将会产生怎样的结果。

可是，保护也会成为限制，这在情感方面表现得尤为明显。如果我们过分地控制自己的情感，人与人之间的关系就会变得冷淡、疏远。谁过分地控制情感，谁就会马上被感受到毫无生气，失去与其自身的交往。[5]谁比较少地控制情感，谁就不会产生与他人的距离感，就能经常以自己的心理状态去感染别人。因此，人格面具不仅仅支撑着人与自身的接近，也更多地保护着人与他人的亲密关系。危险常常出现在对自己的过分控制或为了适应而过分地屈从于习俗，以及我们真实的感受导致了非传统的行为而伤害了人际关系时。那时，我们的真实感受往往会变得非常复杂，以至于不能真正感受到他人，进而觉得不必再与他们交往了。

人格面具的社会化

在家庭里，我们的某些人格面具行为和人格面具表现已经社会化。幼儿基本上没有人格面具的表现，但随着羞耻感的产生，首先，儿童从 3 ~ 6 岁开始表现出人格面具的行为[6]，这是教育的必然结果。其次，儿童觉察到人们在不同情境中的表现不完全相同。为了不得罪人和受人欢迎，他们会视情况而采取不同的行为。到了青春期，青少年就会尝试各种人格面具行为和人格面具表现。

多数情况下，他们都会与同龄人的表现保持一致。[①] 在青春期，他们绝对不会去自由地选择人格面具，因为在这一重要的年龄阶段，自我价值观尚不稳定，所以“受人欢迎”特别重要。这也会导致正在长大成人的孩子经受某种人格面具的压力。

时代潮流，如服装时尚，也会影响人格面具的表现。如果我们拿出自己历年来的照片比较一下，就会一目了然。我们会看到，我们穿过一种“流行的”服装或明显地放弃了“过时的”服装。交际方式也是如此，因为它同样是一种人格面具。每代年轻人都有他们特殊的语言表达方式，有同类兴趣的人——比如对心理学感兴趣的人——在不同年代也会有不同的交流方式。

从根本上来看，我们的身体和心理结构在与人格面具的关系中具有重要的作用。具有说服力的是，体重较重的人呈现出与体重较轻的人完全不同的表现。在自我表现方面，人不仅会受到身体结构的限制，还会受到心理的限制。比如，某个女人穿着一件“暴露”的衣服，

① 这是荣格助手、匈牙利心理学家约兰德·雅各比（Jolande Jacobi）的观点，他认为只有在青春期才会形成人格面具，我认为这种看法站不住脚。——译者注

其实这种说法是与我们自身的露阴羞耻观有关的。之所以说这种衣服是一种“暴露”的衣服，是因为我们自己不敢穿它。我们穿着它就会感到羞耻。这种心理结构允许某种露阴满足，它确定了哪些是我们可以“冒险”去表现的，而哪些不可以。在任何场合它都会确定羞耻的限度。羞耻的限度向我们指出了我们“可以表现自己”的界限。在同一场合，并不是所有人身上都会产生同样一种羞耻限度。它具有灵活性：心理承受力强一点的人，就敢冒较大的风险；心理承受力弱一点的人，就会试图避免引人注目。

从广义上来说，人格面具就是我们理想自我的个人特征，是经过美化的形象，是我们为自己相配的形象。它表明了我们把自己看成什么样，或者喜欢把自己看成什么样。在理想的自我中，大多预先确定了一个相当完美的人，为此，我们必须把不完美的东西排除在理想之外。但是，人格面具也要符合人们理想自我的社会特征，这种社会特征通常是我们为理想的环境而设定的——虽然它并不是我们个人理想自我的投射。所以，一个大学生坚信，尽管教授只要求提供一份提纲式的报告，但他还是得把报告做得完美。他的理由是：教授之所以只要求提纲式的报告，是因为教授不期待大多数人能真正做出一份完美的报告。正是对于"完美报告"的严格要求使得这个学生考虑，他是否理解错了。很明显，他把他的理想自我投射到了教授身上，投射到了学习情境中。为了证实或修正自己的自我概念，既应该把它与自己的要求相比较，也要与他人的看法相比较。这对于人格面具来说是重要的，对阴影来说也是重要的。

理想的环境同样如此：一方面，它涉及时代精神和对时尚的适应（时尚符合时代精神）；另一方面，它将已经内化了的孩提时代的期望投射到环境中。如某人说，"你在这种情况下是绝对做不好的"，这句话很可能是一种"父母的语言"，与我们的父亲或母亲情结①有关，对此我们知之甚少。[7]随后，我们就屈从环境。这就是说，我们相信环境会提醒我们应该如何行为，如何穿着和待人接物。有时我们会付出很大的努力去适应这种假定的要求，但得不到特别的认可和关注，因为我们只是在演绎

---

① 情结：这一概念从一般意义上来讲，指一个个体对某个地方、某个人或某件事所具有的特殊感觉，是其个人心理的一部分。在荣格的分析心理学中，这个概念主要指个人无意识中，对造成意识干扰负责任的那部分无意识内容，通常由创伤造成。父亲情结或母亲情结就是与父亲或母亲有关的产生创痛的意象或心灵痕迹，以及与此紧密相关的原型意象或心灵痕迹。——译者注

一段陈旧的往事。而父母的命令很容易引发人格面具行为。

概括地说，人格面具是一种心理、生理和社会的行为。它连接着内心世界和外部世界。也许正如鲁道夫·布洛迈尔所说的，与其说是“人格面具”，不如说是“外貌”[8]。尽管人格面具是一种对社会要求的适应，但在人格面具行为中必然会表现出我们最深层的某些本质特征。虽然个人面具是经过加工的，而且还会不断地被加工，但它从内在和外在都表现出“同一性”：这种同一性始终贯穿于种种变化之中。尽管时间和环境不同，但在大多数人眼里基本上没有什么变化。

经过美化的人和阴影

人们外出时总是喜欢把自己打扮得比原来漂亮些。他们也知道该如何打扮自己。极少有人会自愿地显示自己不太美的一面。但令人讨厌的是，这种不太美的一面会变得显而易见。

荣格[9]在 1945 年这样写道：

在现实中，如果没有假象和其他装饰品就会使人显露出原本的他，并表现出过去隐藏在对习俗适应的面具下的东西，即阴影。它随着意识的形成而与自我整合，由此完成了向整体的靠拢。

在荣格的著作中经常能够找到这种论述，他似乎给人格面具加上了点贬义，似乎在说，人们是为了隐藏阴影而故意选择某种人格面具。当然，在某种环境下可能会如此：一个男人不承认自己是同性恋，而只是把它作为“幻境”进行体验。他深信如果周围的人知道这件事，他将没脸再活下去。于是，他就“扮演”一个伟大的女英雄来体验这种感觉。这是有意识地选择一种人格面具掩盖阴影的行为。但更多的时候，我们并不打算用人格面具行为掩盖非常确定的阴影特征。通常，我们总是试图尽可能地美化自己，并从环境中得到证实，这样就能保持一种良好的自我价值观。

我认为，荣格关于阴影的另一个观点是重要的——1945 年他就认为，阴影是可以被整合的。一个人通过阴影的整合而更接近他的整体，毫无疑问，阴影是属于个人的。通过对被压抑的东西的整合，人们可以进入属于个人的个性领域。但阴影的整合是有条件的，阴影要真正完全地被整合——也就是说，无论如何不能被拒绝。我认为，这只是一种理想。作为一种假设当然可以成立，因为由此我们可以解决人类生活的许多问题。但事实上，这种观点并没有认识到人的本质。我认为，如果我们感知到自己总是受到阴影的控制，那么承认它、考虑它，并对它承担责任，就是一种伟大的行为。

阴影的概念早就众所周知，并且已为人们所接受。然而，在接纳这一概念时出现了偏差，以致产生一些误解：一方面，它对人类的许多不足之处提供了一种解释；另一方面，这种解释可以作为对非道德行为的辩解。阴影概念成了一张阴影行为的通行证。假如有人试图对你行骗，被你抓住了，他可能会说："我站在我的阴影这一边。"他知道自己的"骗子阴影"，也知道自己不可能以此为生。因此，在当时的心理分析中，人们经常会提到责任的原则。

在人类生活中，许多有趣的观点通过心理分析被粗暴地抑制了，这使得人的精神生活贫瘠和不健康，因此有必要对阴影加以有趣的辨认。"从抑制中摆脱"的提法已得到心理分析学派的认可，这在性解放运动中表现得尤为明显。心理分析学派因此备受指责，被认为是在纵容不道德行为。

对阴影进行整合当然不意味着可以毫无顾忌地让它充分发挥。这样想是对整合的误解。所以，现今的许多学者逐渐采纳的说法不是“阴影的整合”，而是“阴影的接纳”，这也是阴影原始的、动态的概念。这说明新的光明总会产生新的阴影。

阴影的接纳意味着我们要在某种情境中识别我们自身行为的阴影特征。也许可以通过梦境，或者可以通过行为的改变。如果我们试图发挥某种阴影的作用，比如，通过充分发挥某种阴影的作用弥补某种关系，那么我们就要在任何场合都清楚地知道这意味着什么。我们必须发展对阴影的敏感性，不仅对自己的阴影敏感，也对别人的阴影敏感。阴影的接纳和对阴影的敏感性可以提高自我认识，进而对自己和他人更多宽容、更少虚伪。

第三章

阴　影

阴影从内容上是无法被定义的。① 所有我们不接受或还不能接受的东西都可以被视作“阴影”。[1]

如果我们谈论自己的阴影，一般是指所有我们意识

① 荣格认为，阴影可以用同性别的人的人格面具进行揭示。另一种性别的人的人格面具被看作阿尼玛（anima）或者阿尼姆斯（animus）。他认为，每个人都天生具有异性的某些特质。阿尼玛是男人心理中女性的一面，阿尼姆斯是女人心理中男性的一面。根据这一假设，荣格发明了“积极阴影”的概念，如果相同性别的人的人格面具不能揭露一般的阴影特征的话，或许是一种神秘特征的形象——他是在谈论自我。在此期间，它被引入荣格的理论中，也有一些实证性的研究证明，不论男人还是女人都经历过阿尼姆斯的象征，这种原型象征以极大的神秘性来表示。同性别的人的人格面具不再自动地代表阴影，它也能揭示与阿尼玛有关的阿尼姆斯形象，或者简单地说是女性或者男性的个性特征。因此人们可以不必理睬“积极阴影”的概念，我们可以把阴影定义为我们自己不能和不愿接纳的东西。——译者注

到的和那些隐约感觉到的阴影成分。因此某人不能不假思索地说出他对自己哪些方面感到憎恨。这种憎恨其实给我们指明了自己的阴影，如不守规矩、自私自利、卑躬屈膝、性欲至上、占有欲等。我们也可以用“阴影”命名在当前特别具有现实意义的阴影成分，也有一些阴影成分被我们自己隐藏起来了。

梦特别适用于使我们意识到尚不知晓的阴影成分。有个男人几个星期以来一直梦见几种男人的形象，其共同特点是都很狡猾。当他意识到这些梦表明他在具体的生活中是一个很狡猾的人时，他感到非常难堪。因为他自认为很直爽，那种要占别人便宜的想法完全是不符合事实的。后来这种梦消失了。尽管狡猾仍是后来治疗中的一个话题，但他其他的心理成分更令人感兴趣。

我们的阴影令我们特别难堪。我们的阴影行为——与我们理想的自我不一致的行为——一旦被揭穿，我们就会感到羞愧。因此，我们倾向于把阴影的特征投射在别人身上，把它知觉为“别人的”。凡是与我们的种种阴影特点有关或至少有牵连的东西，我们都会把它们当作令我们生气的“替罪羊”。

我们可以谈论我们自己能意识到的阴影，但我们不能准确地识别别人的阴影所包含的东西。如果某个人的理想是众所周知的，那么我们就可以推断他的阴影是与理想有关的东西或可能的东西。生活在一起的人们更能准确地说出对方的阴影，例如，有人可能饱受伴侣的“贪婪的阴影”之苦，而伴侣还自认为是一个慷慨大方的人；我们在一个非常和气的人身上常常能发现阴影中的不温和的东西，比如，他会以很粗暴的方式“劝告”我们要更和气一点。

一个人的阴影对周围的人来说，可能不会有明显的“阴影品质”：从表面上来看，一位被迫把家里整理得井井有条的女士似乎整洁得过分，但其实她是在以整洁对抗乱七八糟的阴影。她认为，整洁是绝对重要的，因为她在无意识中非常害怕哪天不能对付乱七八糟。这里不是指家务被搞得乱七八糟，而是指她的生活可能乱七八糟。她把这种害怕投射在家务上，大谈家务整理，周围的人对她这种害怕和拒绝乱七八糟的感受少有同感。

没有一种确凿的表现最后可以被定义为阴影的象征，只有从一定的情境中才能看出阴影的品质。如果某人表现出回避某种行为（如吝啬），或者他无论如何都不能接受梦中人物突出的特征，那么我们推测，这背后可能存在着某种阴影成分。不管是在梦境还是在现实中，大多数具有阴影的人不是把阴影投射到个别被压抑的个性特征上，而是投射到被压抑的所有方面。

别人的阴影很有趣

大多数人对社会名流的生活方式很感兴趣。特别是《虹报》向我们非常有趣地描绘了与性丑闻有关的美人、富人和名人的各种人格面具以及阴影。其中大都是一些放纵的生活方式，还有一些刑事案件。特别有趣的是世界上尚存的国王和贵族，还有神父、牧师、修女在这方面的趣闻逸事。

一个人在社会压力下所显示的完美的人格面具越多，就对掩盖阴影越感兴趣。有权势的人，比如政治家，同样会用敏锐警惕的眼睛观察着哪里会出现“人”不会去做的事。

有些人似乎为了制造非同寻常的乐趣而硬把别人的阴影暴露于光天化日之下。他们也许有一种窥探的阴影。他们把揭人隐私理解为一种服务公众的工作。他们据理力争，认为许多人会对他们的“发现”感兴趣。他们说，如果没有人看这些趣闻，他们就不会去写了。

在一个团体中，一提到那些有不同价值观的、从团体成员的眼光看来会毫无顾忌地表现阴影特征的人，就会引起热烈的讨论。这些不合群的、藏于阴影之下的、令人“难堪”的人，恰恰是最有活力的人。从表面上来看，人们往往会对一个有个性的人更感兴趣。

那些不敢接受某种社会生活方式的人，往往会把这些阴影特征安在别人身上。他们在一旁看着别人，暗地里欣赏着，以便做出判断，“这些保皇党人还有些什么……”由此，他们至少可以在想象中享受阴影的乐趣，既不必承担后果，又可以占据道德上的优势。这种人就像观阴癖者。这是一种阴影转移的生活：既想游泳，又不想弄湿衣服；既想与人接触，又不想被打扰。但这样的人无法体验阴影在略受控的情况下充分发挥的活力。阴影可以把人带入活力和欢乐之中，当然，人们也要为此付出心理和物质上的代价。

人们如果被不恰当地美化了，那么经常看看自己的阴影是很有好处的。美化也许是为了掩饰一些不太美好的方面。通过发掘阴影，可以使当事人少一些理想主义，变得更现实一点。因此近年来，人们对一些著名的心理学家的阴影产生了兴趣。此举的有意义之处是：如果不这样做，就会存在一种危险，即有人会觉得自己的教育目标是绝对可靠的，而受到阴影投射的另一面则是“有问题”的，是该加以制止的。然而事实上，没有人能掌握全部的真相，知道所有的一切。如果我们的“大人物”都不再完美，那么那些权威人士和现实中的具有象征意义的人物（比如父母），也都不再完美。我们为这种完美的丧失感到悲哀。但这也向我们打开了发挥自己创造性和对自己的生活负责的通路。教授们一旦把那些大师视作权威，就会抑制自己的创造性。因此，审视著名心理学家的阴影，特别是审视各种心理学观念的阴影，是非常有意义的。

但有些时候，暴露阴影不是为了发展科学，而是为了打击别人：有的人见不得别人比他成功、比他出名，于是就把别人的阴影暴露出来。他承认自己不是很成功，但无论如何，他都在道德上比别人高一等。这样的人通过贬低他人来保障自我价值。重视自己的阴影应该更有意义，与人和平相处的生活方式也许更能培养人的自尊。但别人的阴影，尤其是成功人士和靓男靓女的阴影似乎更有趣，也更使我们愤愤不平。

自己的阴影很讨厌

别人的阴影是那么有趣，自己的阴影却是难堪的、讨厌的。

我们可以通过一些简单的问题勾画一幅与自己当前阴影相处的景象：我们身上有令我们感到难堪的缺点吗？我们对此有很好的借口吗？对于……情况，我们能找到很好的借口吗？我们对别人的某些特征有确定的、一贯的和不受影响的反感吗？

如果我们不太愿意承认的阴影出现在别人身上，我们就特别愿意去揭露它。有时，即使别人根本就没说什么或做什么，也会激起我们挥之不去的愤怒和与此有关的敌意。这是因为他们可能表现出了属于我们的阴影，但我们自己是不敢表现它的，所以要把它投射在别人身上。

梦也会表现出阴影。有些被我们视作“可恨的梦”是我们完全拒绝的。我们如何对待这样的梦，是迅速地忘却它，还是长时间地讨论它？我们是否会试图探索哪些生活领域与这个梦有关？我们会把梦境中的一部分按照自己的想法公之于众吗？阴影中是否隐藏着丰富的宝藏？

还有，你是否有已经表现出来的阴影呢？如今，大多数人知道人有阴影，人身上有许多缺点。过去，人们常常不顾后果地逃避这些缺点；现在，人们知道了应该面对自己的阴影，所以有些人能轻松地面对阴影，他们不觉得有什么难堪，有就让它表现出来好了。

除了这些表现出来的阴影以外，大多数日常的阴影和个人无意识中的一些东西都被压抑了。① 正如前文所说的，我们把那些与我们的自我形象、与周围人的观点和经得起检验的同理想不一致的东西都压抑了。被压抑的阴影在无意识中连接着阴影情结。因此在心理治疗中，分析技术显得非常重要。与情结有关的东西必须被重新分解为个别的特征。只有这样才能真正了解个别阴影对我们生活的影响，我们才能为之承担后果。我们只需要

---

① 荣格认为，个人的无意识包括已经丧失的记忆，被压抑的（有意遗忘的）和令人不愉快的想法……还包括那些不成熟的意识内容。这与梦中多次出现的阴影形象相符合。——译者注

了解，自己已经蒙上了阴影，但不必为它的具体情结太过纠结，因为阴影太深刻、太散乱了。只要我们重视可以被精确描述的个别阴影，我们就可以学会如何应对它。

阴影的防卫

如前所述，我们常常把压抑的阴影投射到外界的他人身上。如此，投射的承受者就成为阴影的承受者。因为连我们自己都不清楚的阴影总是令人害怕的，所以阴影的投射就是把周围人的外貌改变成自己不熟悉的、令人害怕的外貌。这种威胁的形式有时有赖于被我们投射的阴影的特征。如果涉及的是一个攻击性的阴影，那么我们就会突然被攻击性的环境包围，并感到它的威胁；如果我们压抑一种权力的阴影，我们就会突然被极强大的人包围；如果我们压抑自己的受贿之心，就会发现自己被想要收买我们的人包围，误以为自己陷入了受贿和贪污的境地。

阴影的投射会产生严重的后果：我们不能再建设性地去探讨自己的问题，因为它们基本上已经是“别人的”

事了，对此我们已不能产生什么影响。一个恐惧和攻击性的循环出现了，[2]牺牲者和侵略者的动力在运作：只要我们把阴影投射出去，我们就体验到自己好像是阴影承受者的牺牲者，不能再自主地塑造我们的生活。[3]同时，牺牲者的角色会导致许多恐惧产生，阻碍富有成果的研究工作，因而不会接受存在于阴影中的、对进一步发展起激励作用的东西。

如果我们转让自己的阴影，我们就把他人带入了一个无约束地发展这种阴影的境地。比如，在家庭中常常会出现这种情况：一个家庭成员很易怒，只要他在场，其他人就都很安静，行为很有节制；如果他离开了，这个安静的家就不再那么安静了。

如果某人意识到自己是一个有消极性格特征的人，他就会把阴影颠倒过来，这也是一种防卫的形式。他如果知道自己非常专制，他就会把这当作阴影的品质去体验，因为他从周围人那里得到了反馈。这是一种当代人不接受的行为，于是他就把颠倒的阴影表演得非常夸张。这又会使周围的人感到困惑。因为在交往中，这种阴影防卫的形式会提供双重信息：在意识层面上，当事人很耐心地询问、鼓励对方提出建议，解释某种决定可能会造成怎样的后果。但与此同时，人们又会察觉到他们似乎最好应该中断交谈，自己去做决定，这是他的肢体语言所传递出来的信息。人们应该相信哪一种信息：是说出口的话，还是没有说出口的潜在信息呢？

阴影的防卫一般是不会完全成功的。尽管防卫者竭力去隐藏阴影，但对周围的人来说，其大部分仍是可觉察的和可见的。如果我们从一开始就对阴影进行考察，就可以省下不少精力。

两面人

我想进一步探讨另一种防卫形式——两面人。1919年，奥托·兰克①曾就此话题发表了一篇心理分析研究报告。[4]我在此只想把讨论局限在其中的一种特征上，即表现出真正阴影品质的、阴森可怕的两面人。

---

① 奥托·兰克（Otto Rank，1884—1939）：奥地利心理学家、精神分析治疗师。弗洛伊德门下三大台柱之一（另两位是荣格和阿德勒）。兰克是最早意识到母子关系及分离焦虑的重要性的精神分析师，也是最早实行短程精神分析疗法的心理学家。他把意志视作塑造人格的核心力量，创立了意志疗法。——编者注

兰克对这种现象的形成曾经有一段精彩的描述：“人们总是去做那些使他们感到内疚的事。”我要补充一点：“还有使他们感到惭愧的事。”如果这种负罪感和羞愧感达到一定程度，自我就不可能再对这些行为承担责任。那个绝对不能接受这些行为的自我就会被分裂出来。通过分裂，产生了第二种自我形式——两面人。有时它是真正的魔鬼。由于分裂，这个自我不知道另一个自我的所作所为，因此也不会觉得要对此负责。所分裂出的那部分就不再被视作自己的人格，并会被忘却，他会在日常生活中表现得像“另一个”人。这种情况表明：人们会去做那些自己原本认为“很卑鄙”的事。对于这些行为，会感到负罪或者羞愧，尽管如此，他仍然相信自己是一个非常高尚的人。

兰克为了他的这段描述阅读了许多文学作品，尤其是浪漫主义的文学作品。现在已知有关两面人的题材出自罗伯特·路易·斯蒂文森的短篇小说《吉基尔博士和海德先生奇案》。吉基尔博士白天是一个有教养的、乐于助人的慈善家和科学家，到了晚上却会变成一个恶人，一个残忍的杀人犯，一个在夜晚的黑暗中喧闹发泄的神秘反面人物。阿德尔贝特·冯·沙米索[1]也曾讲述过一个令人难忘的两面人的故事：彼得·施莱米尔通宵狂欢后回到家，这时，另一个他已经坐在他的沙发上了。由此引发了一个讨论：究竟哪一个才是真正的施莱米尔？当然，故事里说是施莱米尔饮酒过度而产生了幻觉。但有趣的是这个问题：谁是真正的施莱米尔？

兰克还从陀思妥耶夫斯基的小说《卡拉马佐夫兄弟》中摘引了一段故事。从这段故事中，我们能看到许多分裂阴影的情况。伊万·卡拉马佐夫在发疯之前就已遇到"鬼"了，这个鬼就是他的两面人：一天晚上，伊万很晚才回家，走进屋里时，他碰到了一个令他感到害怕的男人。这个男人给伊万讲了一些他年轻时想过，但后来忘了的事情。伊万不承认这个男人是真实的。

> 我一分钟也不能接受你是一个真实的存在。你是一个谎言，你是一种病态，你是一个幻影。只是我不知道如何才能根除你。你是我的幻觉，你是我的化身，你体现了我的某个方面……我的思想、我

---

① 阿德尔贝特·冯·沙米索（Adelbert von Chamisso，1781—1838）：德国作家。——编者注

的感觉，但只是最令人讨厌和最愚蠢的部分。你把所有早就过时了的、我早已抛弃的东西又捡了回来，把它当作新闻。你就是我自身，只是以另外一种面目出现。你说的东西正是我所想的……[5]

在这段摘录中，我们找到了变成两面人的阴影的定义：它是“我”某一方面的化身，如“我”的思想、“我”的感觉，但只是最令人讨厌和最愚蠢的方面。非常明显，在这里，阴影就是经过一段时间而被概括出来的个别朦胧思想和感觉的混合体。于是，这个阴影混合体中出现的就是那些早就过时了的，特别是“我”本来想忘记的东西，因为“我”认为那是错误的或令人羞愧的。

谁如此强烈地分割阴影，以致形成一种两面人，谁就始终过着一种双重的生活。这种两面人是很让人害怕的，因为它自导自演，自我对此毫无办法，只能感到受它操纵。被我们内心所拒绝的一切又从外部重现在我们面前，纠缠着我们。实际上，这是一种内心的冲突，却表现为外部的纠缠，尤其是投射出来的攻击性和具有破坏性的倾向，往往会使人们产生被迫害的幻想。这是投射和阴影对这种人支配的结果。

在文学作品里，具有两面人阴影的人或者本身就是两面人的人，大都以自杀终结生命。我们可以把这一情形象征性地理解为：一个人如果具有严重的分裂倾向，以至于被分裂出来的部分变成了一个独立的整体，那么他们就不能再继续现实的生活。这种状况必须被舍弃，与阴影的这种交往方式必须被废除。

此外，所有的两面人都拒绝爱情，因为爱需要一个完整的人。人在恋爱时，不会一会儿表现出这种个性，一会儿又表现出相反的个性。这只会把事情搞得一团糟，而不会促进爱情。兰克认为，这种人之所以不能爱，是因为他们始终都没有摆脱理想的自我。

但为什么恰恰在描述爱情的文学作品中会有如此多的两面人呢？兰克认为，根源在于作者常常具有强烈的神经症。这可能是一个原因。但我认为，这一主题的频繁出现还有另外一个原因：这些作者想要在较大的阴影敏感性和不是根据习俗，而是按照兴趣原则去生活的强烈需求中，保持一种高尚的道德标准。

阴影姐妹，阴影兄弟

阴影还很容易被投射到“敌人”的形象上，他们被当作了替罪羊。阴影投射最初常发生在家庭中。许多家庭都有一个所谓的“异己分子”——如果没有也会制造一个。家庭成员对此秘而不宣，或者在背后讨论他，有时他们把“告诫”挂在嘴边：“如果你懒，就会像你某某叔叔那样死在贫民窟里！”这类“异己分子”绝大多数是有怪癖的人，所以非常引人注目。他们被描绘成“有品行问题”的人。而其他人，那些不引人注目的人，看上去既没有引人注目的生活方式，也没有什么“品行问题”。

在一位女士的回忆中，她的母亲常常不修边幅、愁眉苦脸、心情沮丧地坐在桌旁，“心不在焉地看着某个地方”。但每当有人按门铃时，她就会立即扎上干净的围裙，换上一张友好的、微笑的脸——一张能被人接受的人格面具——和蔼可亲地打开门。

这个母亲有一个妹妹，一个“有品行问题”的阴影妹妹。这位阿姨非常能激发孩子们的幻想。在他们的记忆中，这位阿姨总是戴着一顶红色的、引人注意的大帽子，穿着“令人无法接受”的衣服。她会引诱人去吃不卫生的食物，还会带着孩子们去看电影或听音乐会，这在当时还不是很流行。她总是能干脆利落地把“成人”的不同意见给顶回去。母亲和她妹妹互不接纳，每个人都有各自的、对方不能接受的生活圈子。如果每个人都能被对方接受，对彼此来说生活也许就简单多了，也更有色彩了。

我们大多数人都认识“阴影姐妹”和“阴影兄弟”。这里不是指血缘上的兄弟姐妹，而是一种蕴含着危险关系的阴影兄弟姐妹。这些阴影兄弟姐妹作为阴影的承受者，丧失了自己的个性。我们无法知觉到他们隐藏在阴影投射背后的自己的本性，他们不再像我们一样，是可以与之交往和交换意见的“人”，他们已经成了“物体”。与他们交往就像与没有感情的物体交往。这样，破坏性的大门就被打开了。[6]

阴影姐妹和阴影兄弟是原始性的话题，我们在神话中也能找到他们的身影。例如，苏美尔①神话中的伊娜娜

① 苏美尔：古代两河流域南部（今伊拉克境内）的早期居民被称为苏美尔人，他们从公元前3000年代初建立若干城邦，主要有乌尔、乌鲁克、拉格什、尼普尔、启什等，长期互相争战。公元前24世纪中期乌玛王卢伽尔·扎吉西征服广大地区，定都于乌鲁克，后为塞姆（闪）人所灭。公元前22世纪苏美尔人再度兴起，建立乌尔第三王朝，最终被古巴比伦王国取代。苏美尔人是两河流域文化的开创者，首先使用楔形文字。——编者注

和埃莱施基加尔是一对阴影姐妹。她们一个是天上的女神，一个是地狱里的女神。《圣经》里的该隐和亚伯，苏美尔神话中的吉尔伽美什和恩奇杜，他们都是阴影兄弟。

不仅在神话中，我们在家庭以外的日常事件中也能碰到阴影兄弟姐妹。如果一个人总是明显地表现出自己的阴影，就会出现特有的交往动因：他不是在简单地表示冷淡，而是在表示强烈的拒绝。然而人们还总是相互见面，而不是相互躲避，尽管有强烈的反感，但我们大多数时候仍觉得能容忍这种人。如果阴影朋友相互交往，那么他们大多能成为朋友，因为他们也许没有其他的选择。他们能够接受与自我价值正好相反的一些价值观，他们学习接纳阴影，而不是贬低它。

日常生活中的阴影

我们大多数人之所以如此固执地否认阴影，是因为担心它会有损我们的声誉，担心自恋会崩溃。如果我们不能正视阴影，如果我们想把自己的阴影掩盖起来，或者干脆否认有阴影，我们就有被操纵、受胁迫的危险。

这也是侦探小说的素材。一个人某次被人拍下了出丑的照片，然后被威胁要把这些照片公之于众。秘密一旦被公开，将对妻子/丈夫、恋人、领导等造成极大的伤害。为了不让这种事情发生，为了不让阴影行为公之于众，此人只能受人胁迫，不断地向威胁者付钱。他会变得越来越绝望，直至做出绝望的举动。

侦探小说在这里非常明确地展示了一个原则：如果我们不能正视自己的阴影行为，就会被他人支配，就会被置于害怕和恐惧之中，别人就能对我们实施控制。出路只有一条：我们必须正视自己的阴影行为，也就是说，我们必须对阴影负责。接纳阴影能使我们更有自我安全感，更真实可信，更与自己同一，当然，也更平常。这样我们就不再是一个奇怪特殊的人，而是一个具有阴影的人。这个阴影会给某个人添麻烦，同时，也会给其他人添麻烦。

在我们的文化背景下，性感、精力旺盛、热情奔放等许多特点都会受到排斥，成为阴影特征。如果我们能接受它们，就能获得更多的活力。但是，在我们阴影中躲藏着的大都不是我们想要的、没有问题的生命活力，不是社会能接受的癖好，而是一些“低级”的、令人怀疑的癖好。阴影总是出人意料，它无法事先被完全预见。实际上，所有的东西都被掩盖着，所以阴影很难被人接受。

如果我们能接纳自己的阴影，不仅能使我们更有自我安全感，能与自己更同一，还能减少心理疾患，我们也因此更有自尊。如果我们能认识自己的阴影，同时也能识别他人的阴影，就能了解人的一些坏的想法和观点。这并不是说我们不相信人有善良的一面，而是说，我们并不是从一开始就认为善良是赐予的，而是人们——尽管有阴影，或者正是借助于阴影——努力去争取而获得的。

对于梦和幻想中出现的东西，我们常常先是拒绝，然后对它们加以敌视和攻击。实际上，梦中出现的人物大多是有意义的，我们应该好好地加以研究。阴影如果不被排斥和投射，而是被安全地接纳，那它将会形成一股力量。不仅因为我们不再成为投射的牺牲品，而且因为我们可以支配躲藏在阴影里的生命活力，并使得人际交往更坦诚和没有恐惧。

我们应该这样看待阴影：我们必须在情感意识上把它当作自己的生命活力去体验和感受，在其为自己和他人的生活所带来的不良的或良好的结果中去体验和感受。它或者给予我们一种新的真诚感与和谐感，或者使我们悲哀，因为我们不能成为想成为的人。由此也形成了一种新的真实性。我们必须放弃那种“完人”的自我形象，这样我们就能更真实、更有活力。

有一些梦境很能解释我们的阴影特征，但常常被很快遗忘。因为阴影在内容上是不确定的，所以没有一个能喻示阴影的自身形象，有的只是一种与阴影的关联。我们可以通过联想和情绪指明阴影的一些内容。

以下是一位二十八岁女士的梦。在《我又做了一个无聊的梦》中，她这样写道：

> 我看到了东克尔[1]女士。她盛装打扮，化着极其庸俗的妆，头发染成金黄色。我在考虑究竟走哪条路可以避开她。她似乎事先已知道了我的打算，她选了那条我们必然会碰面的路。我很生气，然后就醒了——我的一天都被毁了。

① 东克尔（Dunkel）：人名，本意在德语中有变模糊、不清晰的意思。——译者注

与这一梦境明显有关的情绪是生气。在讨论这一梦境时——两人之间讨论梦境的意义要比“经典”的解释更清晰——她补充道，她不仅有生气的情绪，而且对梦中的人物形象感到厌恶。东克尔女士是做梦人认识的一个女人，但她只是在梦中叫东克尔，事实上她有一个非常普通的名字。究竟为什么她在梦中会叫东克尔？做梦人认为，这个名字的含义很明确：这个女人有“遮盖一切”的倾向。人们与她在一起时根本不知所措。如果东克尔女士有求于人，她会把对话搞成一副别人有求于她的样子，最后人们还得谢谢东克尔女士。在讲述这段情节时，做梦人总是非常生气。

“为什么她的外貌会变得极其庸俗？”对此做梦人无法解释。现实中的“东克尔女士”是个有素养的人，也许化妆稍显过分，但不低劣。而在梦中，她是低劣的、令人讨厌的、难以接受的、具有性诱惑的、使人反感的……做梦人对梦中的形象很生气，在联想时对她彻底贬低。这种反应是极其普遍的，因为阴影对于我们的愿望来说是毫无价值的东西。

在涉及现实中的某女士时，我们首先要讨论这个梦和一些想法，我们在客观层面上保留了这个梦。关于阴影投射，我们可以从异常的拒绝情绪中找到其根源，为了能通过梦来提示自己的阴影成分，我们必须把它理解为是在主观层面上的，也就是说，我们必须把梦中的形象想象为做梦人的内在形象。这样，阴影投射必定会被取消，因为这个梦是在与自己的内心进行交流。如果能成功地把这一阴影形象视作自己的一部分，人们首先会产生认识上的震惊，随之而来的常常是生气或悲伤。

为了能在主观层面上理解梦境，我们可以询问有关这个梦的前因后果。梦本身会给我们一些提示，另外一些则是从对话中产生的：遮盖，把自己的意图当作别人的意图，性诱惑，低劣。针对这些提示，做梦人会想起什么呢？她经过一番思索后说，她在做这个梦之前的晚上曾和两个女伴与几个男人“调情”，男人们立即缠住了她们，但她们告诫男人们要收敛一点儿。“我们让他们碰了一鼻子灰。不过，这本来就并不怀有恶意。”

如果我们把梦看作对这一情境的无意识的注释，就会得出一种不好的形象。做梦人不就是那个打扮庸俗的人吗？她辩解说：“我还从来没有打扮得那么庸俗过！”但这种阴影似乎并不是无缘无故产生的。如果我们与阴影形象不完全同一，就表明还存在着有意识的自我，但其多少带着阴影的色彩。做梦人笑着证实了这一点。事后，她们硬把自己的意图转嫁于那些男人身上。她们先去调情，然后男人们做出反应，而她们又告诫男人们要收敛一点儿，好像一开始就是这些男人先去纠缠她们似的。是的，在她们的行为中存在一些性诱惑，这种行为很低劣，有点儿像那个打扮庸俗的梦中人。

认识的结果是：当处于类似的情境中时（她常常陷入这种情境），她立即会想起有关这个打扮庸俗之人的梦。她观察梦中人的行为，修正它，或饶有兴趣地扮演这个打扮庸俗的人，接受这一行为的后果，不再谴责其他有相同行为的女人。

发现阴影行为

一个男人（也可能是一个女人）把自己描绘成一个在任何情况下都毫无嫉妒心的人。但这样一种自我概念与他的人格面具行为并不相符：他表现得宽宏大量，关心别人以及他们的成功，与他人分享快乐。如果让这个男人与几个人一起去踢足球，别人都感到很兴奋，并且兴奋得溢于言表，自认为“毫无嫉妒心”的他，却不断恶狠狠地批评别人。

这种情形在日常生活中经常发生，这种吹毛求疵的人使别人扫兴。最初人们试图对他加以反驳，但争议会使人越来越疲劳，于是人们就与他分道扬镳，一走了之。但是，人们对事物的兴奋之情被压抑了，或者完全消失了。

要想建立一种良好的交往关系，必须了解这种行为的发生背景。我们可以问：“你真的一点儿也没有嫉妒吗?”

也许当事人会察觉到自己的嫉妒，并为自己败坏了人家的兴致而道歉。他甚至还会表示，他觉得自己被排斥在他人的愉快兴奋之外，他对自己成为多余之人感到很悲哀。出于这个原因，他才会以过分的批评来打击他人的愉快情绪。事实上，如果一个人在一个愉快兴奋的团体中感受不到高兴，被大家共同的快乐排斥在外，他就会有不舒适的感觉，这种“不舒适”就会激发嫉妒。

阴影的转让

如果有人对以上的描述有共鸣，那么他已经有很高程度的阴影了，可能还会有一些恼怒的表现——当我们发觉阴影行为时，会以生气和愤怒来防卫我们感觉到的羞愧。我们以生气来实现“阴影的转让”：我们使别人对某一种阴影表现有反应，或者硬说他有阴影的表现，也许这就是他主动进行阴影转让的反应。

像“你没有一点嫉妒吗?”这一问题就可以被理解为阴影的转让，但是，在对谈话对象提出该问题时，应该注意使其一点儿也不产生羞愧的感觉，这样，谈话对象可能会停止批评，也许会过一段时间再来解释这种嫉妒是如何引发的。

出于防卫而进行阴影转让时会有另一套不同的话：“你们所有的人都是头脑简单的，没有批判的眼光，平庸浅薄，所以你们才会被激怒。”这既是一种卑鄙的诽谤，也是一种阴影的转让。它适用于这样一种人：他们的理想自我就是有批评精神的、思想开明的同时代人的理想自我。但实际上，他们经常被人指责为“智力低得可怜”。当然，这并不意味着阴影转让会成为事实，在这种情况下，我们更多应考虑的是投射。

但转让阴影的人相信他们知觉的正确性。可惜许多人都知道荣格有一种观点，他相信能对别人的阴影做出真正的判断，大家都认为这种观点切中要害：

> 经验证明，投射的对象不是任意的一个人，而是一个已证明有与投射内容的性质相适应的人，确切地说，是能为被转让的东西提供相应“挂钩”的人。[7]

荣格在这段话中呈现了一幅有些东西“被扔出去”，然后停留在某一个地方的投射图像。由此可以推论，我们不能把任何一种东西投射在一个人身上，只能把投射对象身上也具有的那部分投射给他。众所周知，知名人士比不公开出现的人更容易成为投射对象。我们也知道这不可理解，我们不能把内心经验转移到周围人的身上去，不能把过去的一些事转移到现在，不能将心情转化为天气、天气转化为心情，我们不能把对一个人的经验当作对另一个人的期望……反过来说，如果我们身上没有吸引人的“挂钩”，我们就不会被投射。除非我们自己就是有类似阴影的人。

荣格的这段话可能会引起混乱，尤其是在阴影投射方面。因为如果我们把阴影转让给另一个人，我们就坚信这个人确实有这种阴影成分，所以我们还会认为，那个人甚至应该感谢我们的眼力（于是我们把这称为“投射”），由此产生了对阴影加工的可能性。

当然，投射还将涉及投射对象的阴影。因为所有的人，尤其是同时代的人可能有类似的阴影。虽然从表面上看投射的接受者没有自信，但他一旦接受了投射就会变得极其傲慢无礼。阴影的承受者常常生活在我们的阴影中。

阴影的转让是伤人的，也常常是过分的，因为我们不会去要求阴影的转让者研究我们的阴影成分。我们从于尔根·哈贝马斯[8]那里了解到的那种反对支配和征服，考虑个人尊严的“完整的主体间”规则已不起作用了，当然这并不意味着不允许进行批评。但是，建设性的批评是为了使事情做得更好，而不是为了伤害个人的尊严。同样，如果在进行有意的批评时顺带评价一个人，绝对没有带个人情感，这也不是阴影的转让。这主要表明一个人不仅看到了阴影，还看到了光明。

阴影的转让则相反。原则上，它是针对人的。它涉及自尊，伤人感情，会引起恼怒和攻击。伴随其后的常常是相互的阴影转让，双方都进入贬值循环之中。[9]

当我们突然被发现自己有阴影行为时，会感到羞愧，感到非常难堪，我们必须对此加以防卫。如果某个人逐渐接受、认可了阴影，他就不再需要“阴影的转让”这一武器了，但对阴影的接受、认可是以自尊心的承受力为前提的。如果一种阴影经验发展了，不再导致再次的阴影投射，那么我们就需要一个强大的自我，它能对抗阴影的伤害。我们还需要某种自我安全感，以便在进行阴影的转让时能做出判断：我们是否真喜欢阴影的某一方面，我们是否必须把它看作不恰当的而予以拒绝。

荣格认为，“对无意识探讨”——有意识的个性形成过程的方式[10]——的第一阶段就是要致力于对阴影进行加工。这就是所谓“学徒的作品”。紧接着对集体无意识的探索则是“大师的杰作”，然后是对女性和男性的原始意象[11]的探索。在这些情境中，有些心理治疗和分析是以对阴影进行必要的加工为起点的，但也常常有人从分析那些令人印象深刻的重要情境着手。在这些情境中，无意识是作为善良的、乐于施舍的“母亲”角色出现的。这有一个原因：接受心理治疗的人大多数有危机或处于困难的发展阶段，所以他们的自尊心，还有对自身同一性的感觉是非常不稳定的。通过把无意识形象地当作“善良的母亲”来调节自尊心，随着接受心理治疗的人自我价值感的增强，心理治疗者才能对阴影进行分析。我认为，更多的情况是，如果在一些强大的形象中突然出现自我，就能再次成功地分析阴影的形象。

有的人把父母亲的强烈批评内化为他们的父母情结，这些人在治疗初期常常要求马上告诉他们是不是这一切都“做错了”，能不能改过来。对这些人来说，阴影的转让早已习以为常了，他们反对任何保护。顺从他们的要求，在这种情况下谈论阴影是没有意义的，因为不会发生任何改变。他们仍然那样沮丧，听天由命。关于阴影和阴影的产生，如果我们的自我情结的内聚性足以忍受委屈和敢于采取其他态度，通过无意识对阴影和阴影接纳的话题进行有意识的探讨才更具有现实的意义。

不能低估对阴影的分析。“学徒的作品”这种提法也许会促使人们去分析阴影。探讨阴影是困难的，但对社交生活具有非常重要的意义，许多人的交往困难都产生于缺乏阴影意识，而恰恰是这些人，相信他们能得心应手地处理好阴影。

此外，阴影问题是不可能被彻底解决的，因为我们在始终不断地产生新的阴影。

第四章

“人的人格面具” “人的人格阴影”

有些阴影成分在一定时期的某种文化背景下并不被视作阴影，因为大多数成员都认可它们。这种集体的近乎有意识的阴影，只有在回顾的时候，在不被视作理所当然的时候，才被作为阴影。

“人的人格面具”导致了“人的人格阴影”的产生。马丁·海德格尔[①]在《存在与时间》中有一段关于“日常自我存在和人”的精彩论述。他在其中阐述了，事实上是其他人在支配着我们应该如何生活，不是某个其他人，而是每个其他人。如果有人问“其他人”究竟是谁，

① 马丁·海德格尔（Martin Heidegger，1889—1976）：德国哲学家，存在主义主要代表之一。毕生重视探求“存在”的意义。——编者注

按海德格尔的说法，就是“人”。这个“人”独裁，不引人注目，捉摸不定；我们像这个人那样享受，像这个人那样思想，穿这个人现在正穿着的衣服。这个人调节着日常的生活，导致我们对许多事情根本不必去思考，不必做决断——它完全简化了我们的生活。

此外，这个“人”似乎是“公开的”。如果人们不能承受这种生活，如果出于某种原因不是其中一分子或不愿成为其中一分子时，这种“独裁”才明显地表现出来。人们当然也可能会谈论那些我们所屈从的规则或标准，但这个“人”或“人的自我”的形象特征使我们产生了新的想法，并使我们注意到他不仅从外部强迫我们，而且达到我们的内心深处，从那里得到响应。在这个“人”的独裁下，互相共存在某种平常中产生了，这种平常中也包含着特殊，它导致所有最初的想法都被改变，所有的收获都轻而易举，所有不相知的东西早就相知。由此排除了个体生存的可能性。如今我们通过计算机模拟知道，一般人都认为，由许多张脸重叠出来的那张脸是最漂亮的，但也是最平常的。

“人的自我”还调节着我们对世界和存在的认识。我们没有必要参与某件事，因为这个“人”已经做了；我们可以引用别人的许多说法，但没有人能说得完整。海德格尔所说的“人的自我”——我称它为“人的人格面具”——特别危险，因为它是习俗、成见和狭隘的产物。种族主义和性别歧视曾经是“人”的一个方面，也许目前还是。“人的自我”虽然简化了日常生活，但阻碍了我们成为真正的自己，它是和我们真正的、作为个性中核心的、我们认为要对此负责的那个自我相对立的。“人的人格面具”以此排除了某种生存的可能性，把这种可能性压抑，继而使它成为阴影的成分。如果生活中没有“人的人格面具”，就没有遮挡，也就使每个人的真实一目了然了。

谈论当代盛行的“人的自我”是一件困难的事，因为我们所有人在一定的时间里都会受到“人”的束缚。只有当以后情况发生了转变，我们才能确定那个过去时代的“人的人格面具”，以及由它引发的阴影。如果我们“人的人格面具”热衷于调整，那么反抗的阴影就会时刻爆发。如果“人的人格面具”非常聪明，也许一种富有同情心的甚至有点儿狂热的阴影就会破土而出。

这种“人的人格面具”之外的孤独和自我负责才是那种特定自我的特征；越是受“人的人格面具”的束缚，

我们的自我就越有阴影。那些出自特定自我的行为被“人的人格面具”视作围绕着自身的自私循环，或者它更多的是一种拒绝的表达行为。

“人的人格阴影”的发展与“人的自我”有关。它最初是无意识的，因为我们大家都参与其中，只要我们受这个“人”的约束，越是屈从于“人的人格面具”，我们的自我存在就越会退居次席。我们要生存就必须反抗，从“人的人格面具”来看，这就是阴影的行为。

谁反抗“人的人格面具”，谁就不再屈从于别人的独裁之下，而且会考虑到其他事物和内心世界的要求。这种必然的反抗通常发生在人的青春期。年轻人通过这种反抗在一定程度上改变了“人的人格面具”。与这些反抗者相反的是屈从于“人的人格面具”的服从者，他们是阴影的承受者。

第五章

阴影是陌生的

我们不能简单地认为，陌生就是还不认识。陌生是我们还不熟悉，陌生常常会让人害怕，但它以不容拒绝的方式接近我们。阴影也是如此：它让我们害怕，对我们来说也是非常陌生的，但它也能对我们产生诱惑力。

人们可以从荣格的“积极阴影”[1]的意义上把阴影理解为我们感到陌生的东西，或者从其为数不多的无意识的内容到足以达到有意识状态的这一论述[2]意义上去理解。但我以为，“积极阴影”的提法毫无益处，它与荣格所使用的阴影概念不相称。从理想的自我角度来看，这样定义阴影是我们所不能接受的。

如果我们接受这种说法，那么阴影当然大都能产生积极的作用，它使我们更充实、更有活力，它带来更多的真实性。如果我们进一步探讨荣格关于积极阴影的提法就会发现，他在这里所提及的“阴影”是我们还不熟悉的。

荣格提出了一种无意识的理论。这种理论认为，不能简单地把无意识视作被压抑和被遗忘的东西的聚集。它是一种能始终不断产生新冲动的心灵层面，一种毕生心理发展的表述，所以总有些东西在我们的心灵中是陌生的，是要被接纳的。总是要求把陌生的东西纳入意识之中，这也意味着：我们总是喜欢出人意料。如果我们要对遥远的将来做一些预测的话，那么我们必须考虑到这一点——在我们的心灵中存在着无穷多的、对于我们来说可能永远陌生的东西。

我们心灵中有许多东西是陌生的，这不仅仅是荣格的观点。法国早期的心理分析学家尤莉亚・克里斯托娃曾写了一本书《陌生人是我们自己》[3]。她认为，我们总是抑制那些我们疏远的并使之成为陌生的东西，这是因为在我们的内心总有一些并非源自压抑的陌生的东西。

那些刚好达到意识阈限并被认为陌生的东西其实就是我们的未来，它们对于我们来说常常就是一种阴影。

很显然，我们非常喜欢熟悉的东西。我们总是倾向于诋毁新的东西。近期的那个“新东西”就是无所不能的因特网。但若干年后，我们就会对它习以为常。我们诋毁新事物，给它蒙上阴影，这么做的唯一原因就是它使我们感到害怕。

那些我们感到陌生的东西使我们诧异，一方面它很吸引我们，另一方面它也使我们感到不安。我们要去分析、接近，直到接纳。把阴影与我们心灵中陌生的东西连接起来，能使我们到达阴影的另一个层面。

陌生是一种魅力

陌生诱使或强迫我们超越习以为常的界限，陌生的东西能改变我们的同一性。以猜测和梦中的暗示来迁就我们的无意识，并使我们感到陌生的东西将改变我们，这种改变不是暴风骤雨式的，而是渐进式的。我们越感到自身同一性的安全，我们内在的自由就越多，这种陌生给我们造成的阴影必然就越小，它就越令我们觉得有魅力。如果我们对自身同一性感到不安全，自尊不稳定，容易动摇，那么陌生就会使我们感到不安。出于害怕，我们就会把它定义为一种威胁，于是我们就会采取相应的行为。魅力和害怕是与陌生有关的两种情绪。

魅力是一种感觉。它置我们于不熟悉的环境中，使我们为之着迷，它无情地逼迫我们去探求这种诱惑力。为此要求我们具有牺牲精神，因为我们必须以极大的耐心去探究、了解这些不熟悉的环境，直至解开我们的生命之谜，这也许需要人们付出毕生的精力。魅力未必一定有一个好名声。人们从其字面就可看出，它可能没有好名声。它以非凡的诱惑力去迷人。“魅力”在拉丁语中可翻译为“着迷”“中邪”。不熟悉的东西、具有极大吸引力的陌生东西以其魅力吸引着我们。相反，如果只是陌生就没有吸引力了。这种“陌生”可以是一个国家、一个人、一种思想、一种想象……只要我们一直被它吸引着，只要它含有的陌生尚未被完全揭露，它就是有魅力的。

由于我们常常把自己心灵中不熟悉的、有吸引力的东西投射到陌生的东西上，所以我们可以从中看到自己的心灵：我们的内心世界很吸引我们。我们常常不知道现在是外表吸引了“我”，还是“我”欺骗了它。

我们或许见过绳子、金线或金链在文学作品中的用法。这些东西不仅能束缚人，也能吸引人。德国有本小词典说，被吸引者就像被一条看不见的绳子束缚着，当然也被吸引着。究竟是谁或者是什么吸引着我们？是我们心灵中陌生的东西，是那些必须被接纳的陌生的东西，是必须被意识到的我们内心陌生的一面。

这种陌生的东西可能关系到已被我们疏远了的被抑制的东西，但它也可能与未来发展可能性有关。对于这种关系，荣格心理学一方面提到了阴影，一方面提到了女性原始意象和男性原始意象。女性原始意象和男性原始意象是神秘陌生东西的原型，或就是神秘陌生的东西本身，它调节着最广义的交往关系：与精神世界的交往，与外部世界的交往，与一个人的交往，我们的恋爱交往，当然也包括与我们自己内心的交往。

这种关系是：对于我们来说，陌生的东西首先是阴影，但在阴影的背后是完全不同的工作原动力。如果我们把阴影当作陌生的东西加以防卫，害怕它，那么我们就无法接近充满吸引力的内在心灵范畴。它有许多发展的可能性，也能帮助人们摆脱父母情结[4]。

当然，我们不能简单地、毫无批判地沉湎于有吸引力的内容中，因为它会使我们脱离现实。我们可以从自己身上检查一下过去的魅力有哪些诱惑力，现实的魅力有哪些诱惑力。为了对抗这种诱惑力，我们必须知道我们被什么吸引，我们必须弄清这种魅力对我们的日常工作具有什么意义。具体地说，我们一方面沉湎于魅力之中，另一方面期望把它纳入日常的工作中。不追随魅力与不加批判地屈从于它，是同样危险的。

如果我们抵制魅力，发展就会立即停止。生活就像被冻结了一样，接着就会形成一种毫无生气、压抑、听天由命，以及经常感到寂寞无聊的状态。当然，没有人能无限制地去接触陌生的东西。我们需要一块坚实的“地基”，以便能够在有利于健康的范围内不断地接纳陌生的东西。

魅力把我们个性中的陌生东西揭露出来，它把同一性转变为目标，由此很容易产生同一性的问题。于是，魅力令我们害怕，我们对它加以防卫。或者换句话说，魅力帮助我们以“超越”的方式去克服在一定程度上总是存在着的、对陌生东西的害怕。但这种害怕会持续到某个时候，比如在魅力的结果已明显可见或可感觉时。让我们对一种绝对存在但又成问题的性爱魅力做一番想象：有人被一个他根本不能接受的人吸引，因为这个人的一切都可能是错的，尽管如此，这个人还是存在着一种巨大的魅力。这种情况会迫使人们修正对自己和对生活的一些看法，这就是阴影的产生。

我们不能简单地把魅力想象为“美好的东西”。实际中肯定存在一些有阴影的魅力，它会使我们不再相信魅力的力量，我们会疏远它。这时我们又会陷入一种失去好名声、失去金钱、失去心爱之人的危险中。我们失去旧的自我形象，同时变得更有活力。

陌生令人害怕

如果自尊心很微弱，害怕就会很厉害；如果同一性具有很高的不稳定性，其结果就会使我们对能吸引我们的东西加以诋毁或诅咒，把它解释为阴影。出于害怕，陌生的东西会被人们看作恶，因此女巫和魔鬼会成为中世纪恶人的投射载体——有些地区甚至今天仍如此。魅力是神秘的。如果某些神秘的东西变得具有威胁性，我们就会用光明和黑暗、善的与恶的等古老的标准进行解释，因此魅力被认为是恶的。

陌生是相对于熟悉的、已知的和我们习以为常的东西而言的。弗洛伊德在他的论文[5]中认为，人在不是家和家乡的地方会感到害怕。在这篇文章中，他把害怕、陌生与亲切、熟悉相对照。弗洛伊德认为，新的东西本身并不令人害怕，要使之变得令人害怕，还得为新的、不信任的东西再加上一些什么。根据他的理论，这里有一些东西被压抑了。荣格的理论认为，包含在无意识中的不仅有被压抑的东西，还有所有在我们意识中不能知觉到的发展冲动。所以令人害怕的陌生也可能是对我们生活的呼唤，它能指明未来的发展。陌生的东西更令人害怕还是更吸引人，我认为取决于我们是否有相关联的自我情结和因而相对比较稳定的也可能被怀疑的同一性。

陌生的东西那么容易使我们感到害怕还有另外一个重要的原因：令人害怕的东西对我们来说是一种具有威胁的东西，尤其是对生命具有严重威胁的东西，是与死亡相关的东西。在所有陌生中，我们把等待着我们的死亡看成或最终想象为我们一生中最陌生的东西。“人总会死亡”这个事实具有阴影的特征，而这里所涉及的并非个人的阴影。对于绝大多数人来说都会面临生老病死的问题。我们认为我们本该长生不死，为了能达到这一目标——也许这并不十分吸引人——科学家们正在努力工作着。黄泉在某种极乐世界的想象观念中也是一个阴影王国，亡灵作为没有躯体的阴影继续活着。迷信就与亡灵的这种阴影特征有关。

当然，我们也可以从具有决定性转变的意义上去象征性地理解死亡。转变总是一种冒险，我们必须放弃熟悉的东西，而去接触新的陌生的东西。如果陌生的东西非常令人害怕，根本没有吸引力，并且常常与恐惧相伴，那么我们就会感到这种转变存在着严重的危险，转变也就意味着死亡。

阴影是陌生人

这个陌生的东西很容易被投射到不属于我们的那些陌生人身上。陌生人并不是简单地指外国人，也可以指本国人，他们过着一种令我们感到陌生的生活。他们大多很有魅力，如果这些人离得远远的，我们就可以放心地投射。如果他们走近我们，我们会感到害怕，这时就不能维持我们的投射。如果我们屈从于对陌生人的害怕，就意味着：我们担心同一性危机，我们不愿接受由此产生的对发展和改革的呼吁。

如果我们把自己的阴影投射在陌生人身上，就会产生害怕，因为我们自己都不愿承认的一切，会随同陌生人进入我们的生活。比如，在聚餐会上有陌生人非常贪婪，也许这种贪婪在陌生人和熟悉的人中是相同的。这种贪婪出自真正的阴影——兄弟姐妹的对抗。在兄弟姐妹中，阴影被任意地投射和派发，这种投射在之后的成人生活中很少被探究。兄弟姐妹之间的相处通常还是像我们在孩提时所看到的一样，私下里似乎还保持着畏惧对抗，也许与外人相处要比兄弟姐妹间相处得更好。

排外不仅表现为贪婪，更表现为我们不愿提及的、不愿纠缠于同一性的稳定。对陌生人的害怕不是因为陌生人身上预示出的新东西，而是因为有让我们感到威胁的旧东西，还有我们自身想要坚持的东西。也许这种害怕也与此有关，即那些我们臆想出来的一目了然的关系会受到破坏。我们的关系当然不是真的那么一目了然。我们只有整体感，因为这些关系是我们所熟悉的。但所有新的关系每时每刻都可以被熟悉，因而变得更一目了然。

我们越是把新的东西、陌生人当作阴影就越会产生害怕。我们越是对陌生人害怕就越是会留下更多的阴影。如果我们把一个敌人的形象投射到陌生人身上，再把我们自己的陌生投射给他们，并与之相抗争，那么我们总是会害怕自己的特性可能被稀释。排外行为常常透露出这种担心，即担心可能会丧失像我们这种地位的人的安全性。这些问题与对我们同一性的害怕紧密相连。

难道我们之间如此陌生吗

英格·施特劳赫和芭芭拉·迈尔[6]对梦进行研究后发现，有44.1%的梦中情境发生在做梦人陌生的地方。在被调查者的梦中，出现的人物有24.6%是陌生的。从心理治疗的实践来看，这些陌生人对于做梦人来说可能是无关紧要的，也可能会引发害怕或吸引等强烈感受。

梦是我们自身的产物。如果在梦中看到那么多的陌生情境，出现那么多的陌生人，这表明在很大程度上我们对自己感到陌生。因为我们梦中的陌生东西和陌生人是我们内心的一部分，所以我们必须正视、接受和整合这些陌生。

“陌生的是我们自己”——这句话具有极大的合理性。它可能令我们感到害怕，但它也为我们展示了希望：我们在发展中永远不会走向一个最终的结局。我们的发展始终是开放的，在方式上是可以有所变化的，而这种变化——当然是积极意义上的变化——是我们从未想过的。发展不会结束的观点向我们提出了一个问题，即我们可以信赖什么。也许绝大多数人始终能与陌生人交往，而没有感觉生活被打断，也许我们总是能把不习惯的东西与我们习以为常的同一性结合起来，并且不会由于种种变化而丧失我们始终是同一种人的感觉。

第六章

集体阴影

陌生的东西可能很有诱惑力，它能引诱我们去发展，但也正如我们所看到的那样，它也能引发强烈的害怕，最终成为“恶”。

我们遭遇到的内外阴影大多位于个性中的无意识层面上，它源自我们的个性心理。但在荣格的阴影概念中，有一种阴影是超越个性圈子的，“因此可以最先与一种原则做对比，比如恶的原则”[1]。这种阴影是原型，它属于集体无意识。荣格是这样描述这种原型阴影的：“人们可能会认识其本质中相对恶的方面，但要看到绝对恶的方面则像获得刻骨铭心的经验那样少之又少。”[2]他在另一处说道：“魔鬼是一种阴影原型的变种，即人类不承认阴暗一面的危险特征的变种。”[3]

按照荣格的看法，我们把原型理解为人类体验、塑造、加工和行为的一个常数[4]。它一方面是一种心理和生理方面的结构因素，另一方面是一种动态的情感因素、一种纪律原则和加工原则。在阴影原型中，最初并不把它的内容看作阴暗的、恶的，因为一方面，有人的地方就会出现阴影，这是事实；另一方面，与阴影交往是人类的一项重要任务。我们不难认识到这一点，因为在所有的神话中对阴影的探讨都具有极大的意义。

荣格也谈到了那种“人人都有份”的集体阴影，对此我们很少能施加影响。这里涉及人类的一种可能行为，即破坏性行为，大多数人把它看作阴影。所有的人都是这种阴影的参与者，尽管我们并不参与破坏性的活动。如果某个地方发生了战争，尽管我们没有参与其中，不会直接遭受战争的苦难，但它仍会伤害到我们。我们对人类具有这种破坏性而感到惭愧。虽然我们对在一个遥远的地方发生的战争无法施加直接的影响，但这并不意味着我们不应该或不能抵制这种破坏行为。我们不能放弃让人类少一点破坏性的希望，包括我们自己的破坏倾向——我们也可以对自己的破坏性采取主动的抵制。

恶

我们怎样理解“恶”?

违背我们意志和愿望的东西都被我们定义为“恶”。我们不能理解和不能接受的经历也被我们称为“恶”。如果我们从根本上去了解那些我们认为恶的东西，我们就会感到害怕——令我们害怕的东西，不管是正当的，还是不正当的，我们都觉得是“恶”的。

恶也与伦理方面的思考有关。比如这样的问题：“我们能以恶的原则来对抗好的原则吗?”或者：“如果这是恶的，我们如何才能做得好?”

恶是一种客观事实，它不能作为形而上学的力量，它更多地涉及虚构的投射。[5]正如西格弗里德·菲尔齐希在他的思想内容丰富的著作《恶》中认为的那样：我们把生活中对恶的痛苦经验归纳为一种客观事实——恶。

生活中恶的经验与阴影密切相关。这种联系是如何形成的呢?人生中会有诸如疾病、事故、死亡、失败、被遗弃、失去心爱的人、被人欺骗、被人夺取自己非常想珍藏的东西、被驱赶等倒霉经历，这一切都是人类生活的一部分。但我们不是接受这些事实，并把这些作为恶的经验进行现实的处理，而是进行集体的投射，认为对此负有责任的是“恶”。在许多宗教教义中，人类对恶事业负有不同程度的责任。但这种集体投射没有什么益处，因为我们的生活中始终有恶的经验。我们还要担心恶的形而上学的力量。由于攻击性同样被投射在“恶”上，我们不太可能去深入研究自己的生活，同时，我们还要对这一结果负责。真是一种非常令人痛苦的投射！

“魔鬼”这一神话中的人物是一种对我们认为是恶的痛苦的经验进行投射处理的变式。在传统的基督教里，一方面我们看到了光芒万丈的上帝，另一方面看到了上帝的对立面——阴暗的魔鬼。上帝的形象越光彩夺目，魔鬼的形象就越阴森可怕。表现在个人层面上，理想的自我越清晰，阴影就越昏暗。人们把许多恶事都怪罪于魔鬼。凡是要抵制的东西，尤其是色情方面的东西，都是“魔鬼”犯下的罪孽。

人类中恶人的象征形象是女巫，人们把她与恶魔相提并论。那些后来被诋毁为女巫的妇女，在13世纪以前被视作聪明的女人，她们充当过接生婆，并且精通草药。成为恶人的象征并被当成女巫，是由于当时人们对女性的性感和性欲施加的负面评价（女人引诱男人!）。在中世纪后期的欧洲，由于受到基督教的影响，性感和性欲成为邪恶之源。性感被公认为恶的，成为阴影，女巫就成了这种邪恶的象征。接下来，又把其他的恶名横加在女巫头上——疾病、瘟疫、饥荒、死亡。女巫完全成了阴影的承受者，成了必须被清除的人。这样的投射不仅阻碍了对阴影的研究，还在“好”的名义下产生许多阴影。阴影的防卫产生了巨大的破坏性。

哲学家伊曼努尔·康德描绘了一种完全不同的人物形象：

> 从道德上来说人是怎样的，或者应该是怎样的，善的还是恶的，每个人必须自己来做出回答或已经做了回答。这两者必然是其自由任性所起的作用，因为除此之外似乎无法对其归类……[6]

康德始终没有停止谈论对善应尽的责任，尽管他也认识到人都有恶习。他的言论反映了他对人人都参与的原型阴影的想法：虽然我们总是不能不考虑阴影的问题，但我们有责任去做善事。

荣格在原型阴影方面谈到了上帝的阴暗面，因为他的观点是恶中有善。他认为，“至善至美”是把上帝单方面理想化了，以便诋毁凡人与上帝不一致的东西。作为心理分析学家，荣格常常遭遇基督教的偏见，碰到一些想“至善至美”的人变得精神不正常的事例。如果上帝是完美的，那么这些人也应该是完美的，但这是不可能的，于是就遭到“诋毁”。神学家和哲学家多萝特·泽勒在她的《神学研究》中提到：上帝是无所不能的，他给人送去各种磨难以惩罚人类所犯下的罪孽。这种想法最终会得出这样的结论——人在世界上受苦受难，那都是上帝的杰作。于是，泽勒建议基督徒要逆来顺受。苦难是为了打破人的自高自大，证明人的软弱无能，这样可以把他们重新召回到上帝身边来。当他认识到人是多么渺小后，他就会变得更强大。泽勒反对由来已久的基督徒高人一等和可以征服别人的思想，她对生活持肯定的态度：“遭受苦难不是基督徒生活的目的，而是爱，即使遭受苦难也不要停止爱。”[7]

法国存在主义代表人物、作家阿尔贝特·加缪也探讨过苦难和苦难的生活。他在《鼠疫》[8]一书中描写了一个神父，这个神父宣称苦难能净化人。加缪把这种神学的虐待狂行为视作对责任的投射性逃避。他的解决办法是：面对这种邪恶的事实——在他的书中具体表现为鼠疫——只能挺身而出与之斗争来加以摆脱。加缪认为，对介于极大的幸福感和日常的反感之间的生活所表现出的不合理的忍受精神，是人性中最深层的品质。

有意义的是，神话中把邪恶的东西都投射到“恶人”——魔鬼身上，结果造成了一种受苦受难的意识，深层心理学有时也宣扬这一点。体验各种邪恶的东西，直面自己的恐惧并尽可能地去改变是我们人类的运气。我们不是为受苦而受苦，受苦是一种做人的条件，我们不能放弃对自己生活的责任。

为什么人们会因种种苦难的经历而推断自己是恶人？这种行为可能产生于一种使苦难的体验尽可能远离自己的需要。这种苦难的体验被简单地冠以“恶人”的标签——这是扩散的阴影投射和阴影分派。这样一来我们自己就不需对此负责，苦难的体验就成为一种天命，否则我们必须承担康德所说的“自我责任”。

相信魔鬼和女巫的人不是在抑制邪恶的东西，而是在清除邪恶东西过程中使之成倍增长。如果我们投射“邪恶的东西”，我们就会产生邪恶的东西，也就是说，我们与阴影交往务必审慎负责。我们必须试图避免显示生活中所经历的邪恶的东西，以及会令我们痛苦的东西，如果它来自外部，我们就要对其采取反对态度。从阴影接纳的意义上来看，改变我们的生活观也是很重要的。这就是说，在生活中我们不能只期待阳光明媚。光明与黑暗、欢乐与痛苦、生与死都是共存的，不是因为魔鬼的存在与否，而是因为这是人类生活的本质。

这并不是说，除了神话中的魔鬼或中世纪的女巫外，我们又找到了新的邪恶投射的承受者，即一个陌生人，通过这样一种敌对形象的投射来摆脱我们自己的阴影是危险的，它只能起到减缓的作用。因为我们能通过集体的敌对形象投射产生一种良好的自我感觉——一种集体同一性的特征——和良好的自我同一性感觉：我们是善良之人，别人、陌生人以及与我们有不同思想的人则是阴影的承受者，是邪恶之人，人们要与他们斗争。这是一种谬论。如果把这种阴影问题理解为每个人的中心生活的问题，那么对战争的探讨就没有多少意义了。

集体阴影和新伦理学问题

荣格的阴影理论在第二次世界大战后成为焦点绝非偶然：不仅是这次战争的恐怖使之必然成为焦点，还与他自己在第三帝国期间的所作所为有关。

荣格对他的无意识观点在纳粹那里得到证实印象深刻，这似乎对他很有吸引力：一个原型是多人的组合，在奥丁①狂热崇拜中也提过这一点。最初，荣格也许是想简单地证实他的心理学理论，尤其是集体无意识和原型的存在，并使其在德国得到承认，正是它们导致了德国人对纳粹思想、领头人物和纲领的盲目追从。当时，弗洛伊德的著作被付之一炬后，荣格的一些思想得以幸存，并在嫉妒和竞争中发展起来，这件事虽不是什么好事，但也可以理解。

乌尔斯·埃申巴赫的提示[9]很有趣，他认为弗洛伊德在宗教方面伤害了荣格，因为弗洛伊德把宗教解释为一种神经症，这种伤害是荣格对“犹太唯物主义”感到愤怒的根本原因。

荣格把在德国发生的种种事件看作一些可以用他的

---

① 奥丁：北欧神话中的主神和世界的统治者。——译者注

理论进行解释的现象。我认为他的理论是可取的，他的解释不是没有价值的。他显然不愿看到他的任何一种解释都可以被政治利用。如果说，像他在 1945 年发表的《灾难之后》[10]中认为，他不知道这个事件在多大程度上与他个人有关，那么我认为，这是因为他看不到心理学和政治之间的关系，也不知道自己陈述的分量——他低估了自己的作用！

鉴于人们对他有如此高的期望，荣格在 1945 年以后对自己在这段时间里的作用进行了更深刻的反思。说他不仅被此事吸引，而且从一开始就发出告诫[11]，他越来越失望，因为他已经不能对他所提出的那个原型再进行创造性的更新了。

关于荣格是否主张反犹太主义和达到何种程度的讨论也许永远得不出一个结果[12]，荣格在第三帝国时期的某些前后不一的行为和矛盾心情应该得到一定程度的理解。研究一个思想家和深层心理学流派的创始人政治上的过去是无可厚非的，对于追随荣格的男男女女来说，这关系到把这位创始人从完美无缺的形象中解救出来，把他也视为有阴影的人。对这位大师的探讨是非常有意义的，这是培养下一代人自由独立创造性的前提条件。

同时我认为，只关注荣格一生中的这一个阶段，不利于对荣格所有心理学财富的探讨。而且遗憾的是我还认为，这样的讨论恰恰是想做出不利于荣格的结论。荣格的“纳粹的过去”常常被提及，以此来阻止对他思想体系的探讨，继续无视荣格和他以后的心理分析学家对心理学所作出的开拓性贡献。

对于荣格的追随者来说，了解荣格心理学思想的不足之处当然也是重要的。首先是原型的概念。我们不能因为荣格在纳粹统治时期的某些表现而对原型的真实性和原型障碍的理论加以拒绝，认为这些东西没有意义。我认为，对这些障碍最好进行有意识的批判的讨论。荣格在《当代论文集》的结束语中写出了他从“纳粹时代”中得出的重要结论：

> 如果原型的实现不是有意识地完成的，就绝对不能保证它会以其最佳的形式出现，相反，还会出现一种有害的倒退；看起来，心灵似乎有着明确的目的，它要阻止那种破坏的发生。[13]

如果人类的意识对此横加责难，在原型象征和与此有关的集体思潮中表现出来的未得到补偿的东西只能成为一种创造性的冲动。否则它们会轻易地巩固现存的关系，但也可能导致迷恋于一种思想的集体倒退，成为原教旨主义思想的基础等。对意识和原型内容的探讨是如此重要，绝对不能忽略它，否则我们就不能从荣格的错误中吸取教训。

荣格心理学得到了广泛的传播，但还有一个问题，他的理论中的一些观点不能得到证实。荣格的心理学正是由于其强调宗教对人类的必要性而具有吸引力。宗教一方面作为教堂的学说，受到意识形态的怀疑；另一方面由于其神秘而遭到排挤，它以许多追随者喜欢的形式在荣格心理学中得以再现。但在现实中不进行必要的个人的批判性分析就利用和“移动”集体原型图形实际上是非常危险的。如果不这样做，深层心理学就将失去其解放人性的意义，我们的自由将被不自由替代。我认为重要的是，要像对待荣格的阴影行为理论一样尽可能详细地论述荣格继承者的这些理论特征，这样也可以避免对荣格在“纳粹时代”没有如人们所愿的作为的失望。

集体阴影

我们不是作为一个孤立的个体生活在这个世界上的。人们的所作所为，不论善恶，都会影响我们，一切起破坏性作用的事件也会影响我们——战争，铲除异己，镇压，等等。

对此，荣格于 1946 年在他的论文《灾难之后》中写道，人因为他是一个人才能与其他人相联系。“一种罪恶永远不可能像我们的意识那样单独发生，也就是说，它不可能是一个孤立的或可孤立发生的心理事实，它总是发生在一个较大的范围之内。”[14]

这是一种古老的思想，如今又重新受到极大的关注。柏拉图曾经这样说过，“看到丑恶的东西会唤起我们心中的厌恶感”。作为人，我们具有所有阴影的成分。因为阴影是一种集体的现象。只有人才有阴影，并要对阴影和原型加以探讨。所以只要有人类的存在，阴影就始终是一个问题。

面对合理的和不合理的不幸灾难，在这方面荣格还提出过一个集体过错的问题[15]。这种集体过错与个体过错不同。人们对此自然会提出这样的问题：“我如何与这个阴影一起生活?”以及:“尽管存在着邪恶的东西,但为了生存应该采取何种态度?”[16]对于如何与这些邪恶的东西相处的问题,我想做一些补充。

这是第二次世界大战以后提出的非常紧迫的问题,其中一部分是荣格提出来的,另一部分是他的学生埃里希·诺伊曼①提出来的。

虽然荣格强调,每个人必须对此找到自己的答案,但在他的著作中他还是提出了另一种想法。他认为,心理是一种能自我调节的系统。这种想法在现今非常流行,但在1916年荣格提出来的时候,简直就是一场革命。[17]荣格在这一假设的基础上进一步解释,在集体性的邪恶占统治地位的情况下(如战争中),在心理上将可能出现一种集体原则的象征作为补偿。

荣格在1946年发表的论文《与阴影作斗争》中写道,可以确定,在第二次世界大战中,集体阴影的作用对个人心理造成了解体、破坏和混乱,但也出现了一种新的补偿[18],这种补偿反映在“集体原则象征”中,反映

① 埃里希·诺依曼(Erich Neumann,1905—1960):心理学家,荣格学生。出生于柏林,获哲学博士学位。长期从事荣格心理分析的临床实践,曾任以色列分析心理学家协会主席。作品有《原型女性与母权意识》《深度心理学与新道德》等。——编者注

在神坛上。因此，荣格在 1946 年提出，要以规则的原型去对抗混乱和破坏性。

我们现在知道，人类心理的自我调节是与某种条件相联系的，比如与自我情结相关联[19]，又如人在严重抑郁时无法进行自我调节，但通过治疗性的交往可重新恢复自我调节。

这是荣格的一个有趣解释，他提出了一个重要的补偿理论：

> ……但个体如果紧紧抓住最后存留的一点理智或一段受保护的关系，那么在无意中恰恰会由于有意的理解而发生混乱。这是无意识生发出来的一种新的补偿，它能受到意识的整合。[20]

这种补偿不会经常发生，它只会发生在尚存“一点理智”的人身上，这是十分重要的。但更重要的是，它会发生在与其他人保持着关系的人身上。哪里存在人类关系，哪里就会产生补偿。这种与阴影交往有关的解释超越了补偿的问题：只有形成一种真正的交往关系，人们才能与阴影交往，于是交往有点儿类似于“对阴影听天由命”的对症药，当然，交往也要产生于阴影能现身的场合。但恰恰是通过“决定去交往”，并且还得“好好去爱”的时候，我们才能负责任地与阴影交往。

荣格认为，世界上所有恶事产生的一个最重要的原因是人的无意识。反之，无论是个体阴影意识的形成，还是上帝形象的构筑，意识的形成对人是有好处的。人们不必再区分光明还是黑暗。为了构筑人类的完整形象，人们应积极体验“阴影意识”，它也许会改变人们互相交往的方式，但破坏性很小。

一种新伦理学

大约在荣格提出上述想法的同时，他的犹太学生埃里希·诺伊曼写了一本名为《深层心理学和新伦理学》的著作，副标题是：与恶人打交道需要一种新伦理学。这本专著发表于 1948 年，但从其序言来看，该书形成于第二次世界大战期间。

诺伊曼在这本专著中首先把邪恶称作“纳粹统治的需要”；其次，他认为邪恶阻止了有色人种的平等权利；

最后，他认为邪恶阻碍了人类大同的实现。[21]他还探讨了邪恶会给人们带来什么，能使得人们奋起反抗。总之他认为，建立一种新的伦理学是完全必要的。

为了证明这一点，诺伊曼首先对旧伦理学做了一番描述：旧伦理学源于犹太教—基督教—希腊教，一方面有圣人、智者、贵族和好人，另一方面有一些普通的英雄来作为人们的榜样。旧伦理学的核心思想是有一种人所共知的绝对好人，这是一种完美的形象，这种人所共知的好人虽然也有不足之处，但不允许人们去探索。这种绝对好人把那些不足之处予以压抑或从自己身上剥离，要剥离就需要寻找替罪羊，于是就形成了两面人，最后可能就引发了战争。诺伊曼认为，旧伦理学只求助于意识，它是一种道德准则，而“你应该这么做”则是其应当遵循的共同态度。诺伊曼还认为，旧伦理学是集体伦理学，这种集体伦理学在否定自己的阴影、把阴影加以投射等方面是负有责任的。

这种旧伦理学在诺伊曼看来极其乏味肤浅，于是他提出了一种新伦理学。事实上，旧伦理学比诺伊曼提出的新伦理学更具有辩证性。我们想想保罗①，他曾经说过，“我所愿意的，我并不做。我所恨恶的，我倒去做”。[22]这也是旧伦理学。另外，路德②说过：“虽然我们有许多不好的方面，但为了赢得上帝，我们不应该凭伦理行事，而应该从假设中的感觉出发，接受这种假设是一种好的行为。”路德在这里表达了一种非常有趣的思想：尽管我们有阴影，但仍会被接纳。他已经把阴影视作一种作为人类的条件，这种旧的伦理学并不仅是一种简单的意识伦理学，还是一种交往伦理学，因为它调节着交往关系。我不想对旧伦理学进行全面的评论，但我认为，公正地对待它是很有意义的。

针对旧伦理学，诺伊曼提出了新伦理学，这种新伦理学使人意识到自己身上的积极和消极的力量，并把这种力量纳入个体和共同的生活中。

我的阴影完全是人类阴影的一部分和代表，如

---

① 保罗（Paulos）：天主教译作“保禄”，《圣经》中初期教会主要领袖之一。据《新约全书》，他原名扫罗，起初迫害耶稣门徒，后改信耶稣教义，最终为罗马皇帝尼禄所杀。传说《圣经》中《罗马人书》《哥林多人书》等为其所作。——编者注

② 路德：全名马丁·路德（Martin Luther，1483—1546），16 世纪欧洲宗教改革运动的发起者、基督教新教的创始人。——编者注

果我的阴影既有害于社会又贪得无厌，既凶残又邪恶，既可怜又可耻，如果它作为乞丐、黑人和动物出现在我面前，与它和平共处也就意味着与人类黑皮肤兄弟和平共处。当我接纳它、由此也接纳了自己时，我与它也就接纳了人类的全部，它作为阴影是“我的兄弟”。[23]

荣格认为，尽管内容是个体的，但阴影始终是集体的阴影，他的看法在这里被清晰地显现出来：自身的阴影也是人类的阴影，与阴影和睦相处也就是容纳人类所有丑恶的东西，这也可以解释为认可人的本质连同其阴暗面。

这种新伦理学要求我们认识到，我们在哪些方面有阴影，比如残酷无情、凶恶、对社会有害，并要求我们与这一切和睦相处。说起来容易做起来难。如果真的如此简单，我们也就不用对阴影避之如瘟神了。

这种新伦理学的核心思想是整合，即我们心灵中的对立面应该被统一。据诺伊曼的观点，它们统一于自我之中，由此产生了一种“自我意识形成伦理学”。诺伊曼以“自我”，即个性的核心、个性的整体替代旧伦理学的

“超我”。超我是“维护”规则的，认为规则是必须遵守的，这些规则体现于“你应该如何如何”中。而他以内心的声音替代应遵守的规则。超我也就是良心，良心是通过集体塑造的，而不是个人的责任。诺伊曼把内心的声音作为应遵守的自我的表现对立于超我。对此我们要进行整合而不是压抑。我们要做一个完整的人，但不是完美的人，以此来摒弃做一个没有阴影的完美之人的理想。

人们可以自问是否能真正做到这一点，或是否可以用完整的概念来阻止过高的理想隐蔽地进入我们的观念。诺伊曼认为“完整性”就是：我们可以对阴影加以整合，但不应该不惜一切代价地追求完美，而应该追求真实、自主、健康、有创造性等。尤其是我们不“传染”，我们不会把自己的阴影传染给别人，把它投射和转让，而是真正让它对自己负责。诺伊曼认为，这种不传染的目标对人类来说比创造性更重要。

我们当然赞同诺伊曼对人类可能被阴影传染而被蒙上阴影的担忧，我们也赞同他的整合肯定比剥离好的想法，但如何面对内心的声音？去听这种内心的声音并跟踪它有这么容易吗？毫无疑问，有一种我们能清晰听见内心声音的生活情境，特别是当我们决定反对它，并由此陷入一种矛盾冲突时。但在日常生活情境下不会如此简单，我们可能会在梦中听到这种内心的声音，但有时不太好理解。我们的梦并不一定真实，梦能使我们展望某种意识体验，注意到这种体验是非常重要的，但原则上意识总是必须去探讨无意识，而不能无条件地去相信。当然，一方面我们对心灵中有这样一种能详细告诉我们应该怎样去做的知识源泉感到惊奇，另一方面感到可怕，因为我们只能按这种内心的声音和命令行事。

诺伊曼遵照内心自我声音行事的想象很重要，但不太容易实现，交往伦理学还没有详细的框架，它只是在有关不传染的话题中被含蓄地提及。

诺伊曼的这本专著引起了轩然大波：荣格在 1948 年 12 月的一封信中[24]告诉诺伊曼，有关新伦理学的著作已经引起了轰动，人们对这部著作是否应该被收录到当时刚成立半年的荣格研究所的丛书中展开了争论。“新伦理学的题目就已经是一个冲锋号……我们在此能闻到一些‘毒气’，对我们的大脑将造成一些压力。”最后他还是对这本引起轰动的著作表示了感谢。

9 年后，荣格在 1957 年 6 月 3 日的一封信中[25]表示了反对诺伊曼的明确立场：

> 我们完全理解所谓的新伦理学，但我宁可用另一种语言来表述这一棘手的问题。实际上，这不是一种“新”伦理学。恶的定义人们都知道，那就是不应该去做。但遗憾的是，人们在这方面往往过高估计自己，他们认为他们能独立判断恶的或善的。……伦理是一种不能故意去做恶事的规则，它教导人——尽管常常效果很差——去行善事。这就是说，他可以去做善事，但无法避免做恶事。……由于恶事不能避免，人们就不可能永远没有过错，人们也必须正视这一事实。这就是不可能有一种新的伦理学，它只是不同的伦理学观点的理由。其实也就是这样一个问题：对于我不能摆脱过错这一事实，我们应采取什么样的态度？

这也是康德一直关心的问题：恶始终是存在的，问题是我们应如何对待这一现实。荣格在1957年曾这样认为，根本不需要任何新伦理学，只需要不同的伦理学观点而已。

诺伊曼曾想象道，意识形成伦理学也许能战胜恶。如果个人能充分对他生活中的阴暗东西进行整合，他也许就能够停止作恶——至少能降低人类的破坏性。这完全是荣格的思想。荣格强调，恶始终是一个问题。他在这儿采取了一种朴素的观点，他认为我们始终要保持与光明和黑暗的辩证交往，这非常重要。他还考虑我们应该始终让那些具有阴影的人显示于其光明之中，这是一个具有重要意义的提示。在实践中，如果一个人在梦中表现出阴影的特征，做梦者常常会有这样的评价："我还没有这么糟。"于是他求助于光明。这不是一种简单的对阴影的防卫，而是一种企图不被阴影完全笼罩的尝试，一种公正地对待自己的方式。

荣格在自传体文章《C. G. 荣格的回忆、梦想、思想》[26]中强调，一种伦理学的决断是一种主体的创造性活动，它与根据权威做出的决断完全相反。这种创造性的活动虽然受无意识的推动，但有意识的自我对此承担着责任。

荣格认为，个体一般认识不到自己的决断能力，于是他怀着害怕的心理去遵循外部的规则和法律。教育对此负有责任，因为教育首先是依据人们普遍知道的规则和法律，而不是依据个人的亲身经验做整合的[27]。因此，所教的那些理想主义的东西是个体永远不能实现的。我们在这里找到了一种应该如何与阴影交往的启示：我们在教育中可以更多地谈论阴影的问题，更多地讲述做出伦理学决断的困难之处，而不是简单地传授一系列的理想行为。

荣格在他的晚年对此问题做了这样的回答：

> 谁要对当今提出的邪恶问题做出回答，他首先需要彻底地认识自我。……他必须不留情面地了解自己身上有多少好的东西，能做出哪些卑劣的行为，而且他必须谨慎地说出哪些是真实的、哪些是虚幻的。[28]

荣格的上述回答说明，与恶交往并不要求一种新的伦理学，而更多地要求自我认识和不要把自己可能做出的不光彩行为扣到别人头上去。提倡一种针对自己的、健康的怀疑的同时，也提倡一种健康的接纳。此外，他还要求人们不要互相对抗："如果人们接触邪恶的东西，就会面临可能陷进去的危险。人们绝不能再'沉湎'其中，即使是好事也同样如此。”[29]这样，善和恶都失去了它们的绝对特征，它们被理解为人们必须不断重新作出的“判断”。事实上，我们确实很少需要对好与坏分别作出赞同和反对的决定，而是需要对较好和较坏的事物分别做出决断。

作为对“第二次世界大战是一种恶”的回答，诺伊曼提出了一种新的伦理学。作为一个犹太人，他对这场战争极大的破坏性作出了回答，我认为这种远见卓识是值得引起注意的。因为它抱有这样一种希望：人是能改变的，最终都是善良的。但在 1948 年提出这种新伦理学是一种过分的要求。在诺伊曼的文章中，我们常常可以看到世纪之初心理分析运动的期望，即只要人有足够的意识，所有被投射的东西最终都会回归，由此人的个性也会发生极大的变化。

从这个观点来看，人是一个相对独立的体系。它虽然经常向外投射，但所有的一切最终都会被重新接纳。今天我们考虑更多的是交往关系、系统化，尤其是动态化，即每个新的理想都会产生新的阴影。

与一个独立单元的个体相类似的观点是对阴影进行完整整合的想法：只要有足够的意识，就能够一直推动对阴影的整合，直到不存在阴影为止。但许多阴影，比如能引发杀人念头的愤怒，我们无法对其进行整合。我可以去认识这种愤怒，可以采取一些调节机制，以避免陷入这种生活情境。我用上述方法接纳这些阴影，把它纳入正常的轨道。

如果我们像诺伊曼要求的那样能够抛开超我的伦理，我们就能处理所有的权威情结。此外，超我也是我们对权威的过去和现在所要求的与权威情结有关的东西的累积。诺伊曼新伦理学的目标就是要解决这种权威情结，这是最值得去追求的。权威情结会使在这种情结支配下的自我自由度很小，使人总是生活在内化的权威所要求的那种生活之中。因为一种良好的自尊心起源于自己愿望和能力的激化，这种自尊心也会在权威情结的影响下显著地降低，这时常常需要用权力阴影来加以补偿，诺伊曼的想法肯定是正确的。如果我们能够摆脱自己的权威情结，脱离超我的控制，那么许多阴影就不再是阴影，而可以被理解为生活力量并被加以利用。但对权威情结的探讨是一项终生的任务。它不仅指那些我们不断要摆脱的权威情结，还有与此有关的父母情结。[30]

诺伊曼关于新伦理学的想法是一种启示，但其描述的那种形式是不能实现的。然而我认为，《深层心理学和新伦理学》专著本身就是一种极大的推动。它促使人们不断地在深层心理学的范围内思考新伦理学的问题，产生一种新伦理学的幻想，即使在可怕的战争中，集体的阴影仍被证明存在着，我们也始终不应该停止考虑与具有较小破坏性的阴影的交往。

第七章

阴影接纳的模式

神话中的阴影接纳

神话首先是某个时代的某个群体对自我和世界的解释。它的意义在于，把个体连同其典型的人性问题与群体，同时也常常与宇宙结合在一起，使生命可以为人所理解。但作为集体无意识的表现，它也是在对所有人有效的某种生存状况下的世界和自我做出解释的模型。神话是我们现代人也爱听的故事，能引发我们的幻想，激励我们去观察思考其所反映的、对我们来说具有现实意义的问题。

神话和科学一样——确切地说是一种经验体系，但它使用另一种现实的形象，正是这一点使人感到趣味盎然。因为这些形象五彩斑斓，触动人们的情感，形成一种共同的想象空间。此外，它还是演绎世界的模式。如果与阴影交往确实是一个集体的问题，也是一个原型的问题，那么神话和童话必定会使许多人停止与阴影交往。因此，它可能是一种至少部分已成为当今与阴影交往的模式。如果情况确实如此，我将尝试通过伊娜娜和埃莱施基加尔这一苏美尔神话加以阐述。[1]

伊娜娜和埃莱施基加尔

公元前2500年，在幼发拉底河和底格里斯河之间两河流域的苏美尔地区，即现在的伊拉克南部，流传着一个神话。伊娜娜和埃莱施基加尔是阴影姐妹。作为启明星的伊娜娜是主管天上、人间、生活和岁月的女神，是许多国家的女王，有着很大的权力。她与掌管水域、狡猾和智慧的神恩基有着内在的联系。她也是爱情、漂亮、勇敢和坚毅的女神，同时，她又非常好斗，她的座车由七头狮子拉着，象征着无比强大的力量。

伊娜娜与乌鲁克①的牧羊皇帝杜姆齐举行了神圣的婚礼。神圣的婚礼始终象征着天地相会而相互结亲，由此保障天地万物永远向前发展[2]。我们可以从各种层面去理解神圣的婚礼：作为无意识神话的象征，也作为通过爱情联结对立双方的象征，它能使生命更富创造性。

伊娜娜为与杜姆齐的神圣婚礼而沐浴和涂抹圣油，把自己的宫殿当作皇宫。她自夸非常漂亮，渴望以此吸引杜姆齐。

埃莱施基加尔是伊娜娜的阴影姐妹。从埃莱施基加尔的眼光来看，伊娜娜自然也是自己的阴影姐妹。埃莱施基加尔是掌管地狱、死亡和黑暗——那里是禁止活人进入的——的女神，她有一双"死神的眼睛"，掌管着生死大权，还以异常充沛的精力而著称：她可以通宵达旦地与男人睡觉。埃莱施基加尔很贪婪，伊娜娜喜欢的东西她都不喜欢。这姐妹俩一个负责生殖，另一个负责死亡。神话中的埃莱施基加尔表现得沮丧、孤独，手握大权却昏庸无能。

这个神话中包含了许多有关伊娜娜的神奇故事。我

---

① 乌鲁克：在《圣经》里被称为"埃利克"（Erech）。古代两河流域南部苏美尔人城邦。位于幼发拉底河下游西岸，今伊拉克境内。——编者注

在这里主要引述一些与阴影接纳这一主题相关的部分。

伊娜娜把耳朵朝向地下的世界，她似乎听到了什么。她竖起了耳朵——是呼叫声。

这里是对阴影的一种探讨：不知什么在呼叫，我们在倾听。这可能是一个“阴影的梦幻”，它引起我们的不安或恐惧，令人难以忘怀。它可能表明有人对我们的某种阴影感兴趣，或者我们察觉到在自己的生活中有一些不协调的东西。

伊娜娜听到了这一切，她离开了天堂和人间，抛弃了自己的生活空间，深入地下。神话中长篇大论地详细叙述了她所抛弃的一切，由此我们可以看到她的权力范围和她的雄厚财富。在对阴影进行探讨时，这是一个非常重要的方面：我们首先会想到太阳，想到职权范围，想到已经得到的一切。为了能与阴影部分真正对抗，我们需要动用自己所有的武器，我们必须意识到哪些权力和哪些美丽已经归我们拥有。伊娜娜用她所拥有的一切打扮自己，她使用了七种神圣的饰物，每一种都是一个象征。她首先戴上了象征连接人间的、来自原始草原的花冠，其次是象征着正确计量的一根测量管和一根测量绳，然后是象征着星空的天青石和珍珠，一堆象征着生殖力和转生可能性的蛋形宝石，一只象征着与太阳和太阳年联系的金手镯。她还戴上了引诱男人的“护胸板”，那似乎是一种老式的护胸架，既有引诱男人的魔力，也是一种自卫的工具。她还带上了一种“眼色”，那也许是一种充满色情的、表示“他应该来”的眼色，尤其在她身穿高雅的女王服饰时。她在这里显示的面具令人印象深刻。

伊娜娜听到地下的呼叫，并没有立即去追寻，而是在踏入这一不洁之地之前先给自己配备好神圣的饰物，然后，她回想自己的财富，并有意地加以炫耀，用于与阴影进行对抗。

在遭遇阴影时，首先要在接纳的、积极的意义上产生自我意识，所有能增强或过去已经增强了我们自我价值的东西都应该被保存在意识之中。

接着，伊娜娜还做了这些事：她在进入地狱之前通知了女教士宁斯胡布尔，让这个女教士留在人间；约定好如果伊娜娜三天后仍没有回来，宁斯胡布尔就得去恳求神来帮助伊娜娜。伊娜娜还详细地指示宁斯胡布尔应该如何去帮助她，显然她估计这次地狱之行可能是一次非常艰难的行程。

在遭遇阴影时，不仅要再一次想象我们所具有的一切力量——所有的生活能力，所有成功生活的标志，而且要留下我们身上无须进行阴影对抗的那一部分东西。这就是说，我们不能完全被阴影蒙蔽，要采取预防措施，以使我们不会一直处于阴影范围之内，不会完全进入神话中提及的那个死亡领域。

这可能意味着什么？这一趟地狱之行会发生什么？

伊娜娜成功地来到地狱的门前，她要推开这扇门，于是叫着，喊着。是的，伊娜娜是一个没有耐心的女神，她具有挑衅、爱冲动和专横的特征。

“看门人，把门打开！”

看门人名叫内蒂，他问道：“你是谁？”在开门之前，他要先询问对方身份。

伊娜娜回答道：“我是正走向清晨的启明星。”她出示了一张画有傍晚、深夜和清晨相互衔接的图片，指着从深夜到清晨的那一段说，她就是处于这一转变中的人，这是她此时的身份。

我们与阴影对抗时，关于我们身份的提问是非常重要的。正如神话中所说，如果外部的权力范围缩小了，不再与之有关，权力的象征物也就不复存在了。伊娜娜把自己视作寻求自然转变中的星星——阴影的接纳也意味着寻求转变，接纳转变。

看门人内蒂说，“这是一个没有回头路的地方”。也就是说，地狱这里没有转变的可能，只有死亡。或者可能含有这样一种想法：这是一个人们必须“穿越”的、现存的生活情境，这里没有回头之路。

接着，内蒂询问伊娜娜来此的理由。伊娜娜说，天上的公牛——埃莱施基加尔的丈夫——被吉尔伽美什和恩齐杜杀害了，她要祭扫他的墓地。

伊娜娜之所以来这里是因为旧的秩序被摧毁了。如果旧的秩序不能再承担其责任，那么在我们的生活中接纳阴影或者找回被压抑的东西就变得很重要。但是也可以反过来看：一种旧的秩序不能再承担其责任，这是因为它使人性的解放过程蒙上太多阴影，它对生机勃勃的东西压抑得太多。

埃莱施基加尔获悉伊娜娜已经到了通向地狱的七扇门中的一扇门前。她先是为伊娜娜的到来大发雷霆，而后又恢复了她的美丽姿态。她给内蒂下令，伊娜娜每从一扇门进来，就必须让她脱去身上的一件衣物。内蒂执行了埃莱施基加尔的命令。伊娜娜的七种神圣饰物对应地狱的七扇大门，她在每一扇门处都得交出一种饰物。当然，伊娜娜对此非常恼火。内蒂则礼貌地向她指出，必须遵守神圣的习俗。

“站住，伊娜娜！神圣习俗必须执行，不能违抗。”[3]

伊娜娜可以用来对付别人的神圣力量的标志或象征被剥夺了，最后，她赤身裸体，躬身站在她妹妹的面前。妹妹从木质御座上走了下来，伊娜娜坐了上去。

这是一种与阴影对抗之路的形象描述：人格面具也是幸福生活的象征，必须一件一件揭下，直到赤裸裸、弯下腰，然后才产生一种角色的交换。伊娜娜占据了埃莱施基加尔的座位，她与她黑暗中的妹妹——死亡女神同一了。我们进行了阴影的识别，但还很不充分。地狱的法官用死神的目光凝视着伊娜娜，伊娜娜死了，变成了一堆腐肉。真实的、最终的阴影对抗意味着旧的个性的死亡，这一点伊娜娜已经预感到，所以她事先叮嘱了宁斯胡布尔。

三天三夜后，伊娜娜还没有回来，宁斯胡布尔很悲伤。她按照伊娜娜的指示去寻找援助，结果她在恩基——掌管水域、狡猾和智慧的神那里得到了帮助。恩基用指甲里的黏土捏了两个人，显然恩基也曾去过地狱，因为这些黏土就取自埃莱施基加尔的王国。恩基用黏土捏的两个人叫作“加拉图拉”和“库加拉”，他们被生命植物和生命之水送进地狱，地狱里的大门对这两个人无计可施，于是，他们从门缝里钻了进去。

这段时间地狱中已经发生了许多事情：伊娜娜闯进地狱，但被埃莱施基加尔吞食了。后者现在要分娩了——这描述了死亡和再生。阴影的被识别表示旧自我的死亡，从而使再生成为可能。

埃莱施基加尔在这一分娩过程中是孤独、无助和痛苦的。这时，加拉图拉和库加拉突然出现了，他们是代表移情和同情的。埃莱施基加尔喊道：“我的躯体，噢，我的心！”这两个人答道：“我们的女主宰，你担忧了。你可怜的躯体，噢，你可怜的心！”这两个人把埃莱施基加尔移情为受苦之人，把她视作被蒙上了阴影的人。埃莱施基加尔借助于这一移情作用而发生了改变。她问道：“谁与我一起哭泣，谁与我一起呻吟？”于是她不再孤单，她连同整个地狱不再与他人分割，她可以参与别人的互动了。她要答谢这两个人，但加拉图拉和库加拉得到了指示，他们不能吃喝地狱里的任何东西。作为奖赏，他们可以得到一块枯萎之肉，那就是伊娜娜。埃莱施基加尔给了他俩这块枯萎之肉，他们用生命植物把它盖上，用水滴在上面，赋予它生命。接着，伊娜娜醒了，并站了起来。埃莱施基加尔说："带你们的女皇走吧！"

但伊娜娜提出了要得到补偿，她必须找到一个能在地狱代表她的人。在这个冗长故事的结尾处出现了她的丈夫杜姆齐。在进行了神圣的婚礼后不久，他就被送入了地狱。他之前并不了解有这次地狱之旅，还要与这一生活环境对抗。故事中，伊娜娜用"死神的眼睛"凝望着他——她现在用的是埃莱施基加尔的眼睛，这是与阴影对抗后在她身上明显可见的变化。伊娜娜现在明白了死亡，明白了所有人生世事的短暂性，她可以用"死神的眼睛"区别真相与假象了，她知道了任何东西都有阴影。

伊娜娜与埃莱施基加尔的联系现在是不隐蔽的，地狱不再被分割，她与阴影的联系有了保障。杜姆齐在地狱里待了半年，他的妹妹格施劳娜娜自愿替他在那里待另外半年。如果我们把埃莱施基加尔看作容光焕发的伊娜娜压抑着的、具有破坏性的阴影，那么，这种破坏性的阴影也具有创造力——它将使一个新的生命诞生。如今的伊娜娜不仅是一个容光焕发的女神，她还了解了什么是死亡。

我们当然也可以换个角度去理解这一神话故事。我们可以把它视作植物生长的神话、月亮阴晴圆缺的神话、月经的神话[4]或司空见惯的轮回改变的神话。像每则轮回改变的神话故事一样，我们会在其中发现习俗的抛弃、死亡、新生和回归，作为改变后的人又回到习惯的生活中。[5]

然而我认为，在这一神话中有非常多的情境暗示着阴影的接纳。其中，阴影的接纳也意味着人们放弃习俗，不再像以前那样，特别是人们在接纳阴影时并不知道结果会如何。事实上，人们在与陌生人对抗的过程中，其实是在以一种不可预知的方式进行着改变。故事中这种对与阴影领域相遇的重视，表现在伊娜娜预测到会发生些什么。

她让女教士宁斯胡布尔留在人间，让她最后去找创造之神恩基。我们可以这样理解，宁斯胡布尔扮演了伊娜娜不涉及阴影领域内的某一个方面。伊娜娜了解创造之神，这意味着她知道生命中有改变，在与死亡和毁灭对抗的过程中生命仍将延续，她还知道生命中有一个创造性原则，运用这个创造性原则会找到进入地狱的入口。

不管是宁斯胡布尔，还是恩基，都可以被视作伊娜娜的内在形象。恩基更是如此。伊娜娜早在进入地狱之前就看出他是一个圣洁的人，具有纪律原则以及在精神、宗教和文化生活方面的潜能。宁斯胡布尔和恩基象征着在与阴影对抗时被忽略的个性特征。在与阴影发生重大分歧时，这些个性特征会使我们确信，眼下虽然可以在与生活黑暗面的联系中学到一些本质的东西，但也要有付出和创造性的改变，不仅有死亡，也有新生。

这个神话故事首先表达了伊娜娜的新生。她改变了，她的阴影姐妹也改变了，而这一切的实现是由于埃莱施基加尔摆脱了孤独，她在遭受痛苦时得到了移情。阴影、死亡，人人都有。与此有关的痛苦则需要同情。我们既同情自身，也可以同情任何一个遭受阴影痛苦的人，这具有重要的意义。这是一种对待阴影的和解形式，它有助于理解阴影属于人类的本质。如果我们不知道这一点，就会发生身处阴影情境之中仍然自责的危险。我们就会不同情自己，自我压抑或分裂的危险就会增加。这不是我们不想对自己被蒙上阴影负责，而是采取移情的同情的方式而已。如果我们在阴影居支配地位时能同情自己，就开启了创造性的改变过程。同情——至少在神话中——是创造性改变的开始，是一种能产生更大活力的变化的开始。从这个意义上来说，我们看到了生命的动力和生命之本。

童话中的阴影接纳

像神话一样，童话里也谈到了一些典型的人类问题，以及童话里的主人公应该采取何种方式来解决这些问题。在童话中，主人公总是试图采取一种完全确定的发展步骤来对抗自然的障碍，主人公尽力而为，超出了自己的能力范围就向人求助或者与人互相帮助，而每次总是会有帮助者出现。在童话中还有许多和阴影交往的故事，因为童话比神话更可信，所以把童话中的情形转移到日常与阴影交往上去相对容易得多。

对阴影识别有重要作用的一则童话是《牧鹅少女》。[6]

牧鹅少女

从前，有一个年迈的王后，她的丈夫很早就去世了。她有一个漂亮的女儿，她将女儿许配给了一个遥远国度的王子。转眼就到了这位公主该结婚的时候，公主要起程前往陌生的国度。老王后为她置备了许多贵重的礼物，不仅有金银珠宝，还有贵重的器皿。总而言之，王室新娘该有的她都齐备了。因为老王后非常疼爱女儿，于是还给女儿派了一个随身侍女。她让侍女和公主一同骑马前去，把新娘交到新郎的手里。为了这次行程，每个人都配了一匹马。公主的那匹马叫“法拉达”，它会说话。告别的时刻到了。年迈的王后走进卧室，拿起小刀割破了手指，将三滴血滴在一小块白布上。她把白布交给女儿，说：“亲爱的孩子，好好保管它，路上你会需要的。”

公主和母亲依依不舍地告别了。她把白布藏在胸前，跨上马，和侍女一同朝新郎那里骑去。一个小时后，公主口渴了，便对侍女说：“你下马，用你给我带的金杯子，从小溪里取点水来，我很想喝水。”“如果你口渴的话，”侍女说道，“就自己下马，到小溪边上去喝吧！我才不想做你的侍女呢！”公主渴得要命，就自己下马来到小溪边。她不敢用那个金杯子，只好俯下身来喝水。公主说道：“哦，上帝！”这时，那三滴血回答道：“如果你的母亲知道了这些事，她的心都会碎的。”不过，这位公主性情温顺，她不声不响地又骑上了马。这天的太阳火辣辣的，天气非常热，不久公主又渴了。这时，她们来到一条小河边，公主又一次唤侍女道：“你下去用金杯子给我弄点儿水来喝。”她早就把侍女上回说的那些恶言恶语忘记了。这一回，侍女更加傲慢无礼地回答：“你要喝水就自个儿去！我才不愿意做你的侍女呢！”公主渴得要命，便自己下了马，在岸边趴在汩汩流动的河水上方，一边哭一边说：“哦，上帝啊！”那三滴血听到了又说：“如果你的母亲知道了这些事，她的心都会碎的。”因为喝水时身子紧贴在河面上，公主的心里非常害怕，就连那一小块白布从胸口里露出来，掉进水里漂走了都没有察觉。可是那个侍女看见了。侍女非常高兴，因为她现在有能力支配公主了。原来，公主失去了那三滴血，就会变得软弱无力。公主刚想跨上“法拉达”时，侍女说：“我骑‘法拉达’，你骑我的那匹老马！”公主忍气吞声地服从了。接着，侍女又粗暴地命令公主脱下王室的华服，换上侍女的衣服。她还逼迫公主对天发誓：到了新郎的王宫后绝不同任何人说这件事。如果公主不愿意发誓，侍女就会立刻把公主杀掉。“法拉达”把这一切都看在了眼里，它心里非常清楚发生了什么。

侍女骑上公主的“法拉达”，真正的新娘却骑上了侍女的那匹驽马。她们就这样往前骑，最后到达了王子的国家，大家对于她们的到来都感到非常高兴。王子迎向她们，把侍女从马上扶下来——他还以为她就是新娘。侍女被领上了台阶，真正的新娘只好站在台阶下面。这时，老国王站在窗前张望，他看到一个姑娘站在院子里，她文静又娇小，长得很美。于是，老国王便来到新郎的房间里，问假新娘，那个同她一起来的、现在正站在院子里的姑娘是什么人。

“她是我在半路上收下做伴的，给她找点活儿干吧，省得她闲着没事做。”

可是，老国王并没有给公主派活儿干，他也不知道有什么活儿可干。于是，老国王说：“有个小男孩喂养着一群鹅，就让她帮忙放鹅吧！”那个男孩名叫科特兴。就这样，真正的新娘去帮科特兴放鹅了。

不久，假新娘对年轻的王子说：“亲爱的丈夫，请你为我做一件让我高兴的事。”王子回答道：“我很乐意。”“那么，你现在叫一个杀马的人来，把我骑来的那匹马的头割下来。因为它在半路上把我气坏了！”她害怕那匹马会说出她是怎么对待公主的。王子同意了。公主听说那匹忠诚的马要被杀死，就悄悄地向杀马的人许诺，说如果他愿意帮她一个小忙，她就给他一块金子。原来，这座王城有一扇高大又黑暗的城门。每天早晚，公主都要赶着鹅群穿过城门。她要那个杀马的人把“法拉达”的头钉在黑洞洞的城门下，这样她就能经常看到它了。杀马的人答应了她。他割下马头，将它牢牢地钉在城门下。

一大早，公主和男孩赶着鹅群从城门下经过。这时，她说：

哦，法拉达，你被挂在这里了。

马头回答道：

哦，公主小姐，你遭受如此对待，
如果你的母亲知道了，
她的心都会碎的。

公主没有回答，默默地走出了城门。他们把鹅群赶到田野上。公主走到草地上坐下来，解开了发辫。她的头发是金色的。男孩看着她，发现她的头发闪闪发光，他高兴极了，想拔几根下来。这时，公主说：

风儿，风儿，吹呀吹，
吹掉科特兴的小帽，
让他跟着小帽奔跑。
等到我把头发梳理完，
等到我把头发编结好。

她刚说完，便吹来一阵大风，把科特兴的帽子吹得满地跑，他不得不追着它跑远了。等他回来时，公主已经梳理完毕，他拔不到金头发了。科特兴生气了，不再同她说话。他们继续放鹅，直到傍晚来临，他们便回家了。

第二天早上，他们又从黑洞洞的城门下经过。姑娘说：

哦，法拉达，你被挂在这里了。

马头回答道：

哦，公主小姐，你遭受如此对待，
如果你的母亲知道了，
她的心都会碎的。

他们来到田野上，她又坐在草地上开始梳头发。科特兴跑过来想拔她的头发，她连忙说：

风儿，风儿，吹呀吹，
吹掉科特兴的小帽，
让他跟着小帽奔跑。
等到我把头发梳理完，
等到我把头发编结好。

于是，又一阵风吹来，把科特兴的帽子吹得很远很远，他只好追赶而去。当他回来时，公主早就把头发梳好了，他又没有拔到金头发。他们就这样放鹅，一直到太阳下山。

到了晚上，他们回去后，科特兴来到老国王的面前，说："我不想再和那个姑娘一起放鹅了。"

"为什么呢?"老国王问。

"她整天惹我生气。"

老国王命令科特兴说出究竟发生了什么。科特兴说："早上，当我们赶着鹅群从黑洞洞的城门下经过时，她总是对城墙上挂着的马头说：'哦，法拉达，你被挂在这里了。'马头就回答：'哦，公主小姐，你遭受如此对待，如果你的母亲知道了，她的心都会碎的。'"

科特兴又对老国王说了在草地上发生的事，还有他怎么在风中追赶帽子的情景。

老国王命令他第二天照常去放鹅，而老国王自己则在第二天一早就躲在黑洞洞的城门后，探听公主是怎么同"法拉达"的头说话的；然后他又跟着她来到田野上，躲在草地上的一棵树后面。他看到放鹅姑娘和科特兴把鹅群赶到草地上，然后她坐了下来，解开金光闪闪的发辫。她说：

风儿，风儿，吹呀吹，
吹掉科特兴的小帽，
让他跟着小帽奔跑。
等到我把头发梳理完，
等到我把头发编结好。

接着便吹来一阵风，把科特兴的帽子吹跑了。男孩跟着它跑得很远很远，那姑娘则慢慢地梳起了头发，然后把头发编成发辫。老国王把这一切都看得清清楚楚。他静悄悄地回到宫里。晚上，公主回来了，老国王把她叫到跟前，问她所做的一切是怎么回事。

“我不能告诉您，我也不能向任何人诉说我的痛苦，因为我曾经对天发过誓。当时如果我不这样做，我的命就没有了。”

老国王不让她休息，硬要她说出来。可是毫无用处，她坚决不肯说一个字。见此情景，老国王说：“如果你不想对我说，那么你就去对着壁炉诉说你的痛苦吧!”说完他就走了。于是，公主爬进壁炉，一边哭，一边说出了心里话：“我现在坐在这里，失去了一切。我本是一个公主，那个心地阴险的侍女强迫我脱下公主的衣服，代替了我的位置，抢走了我的新郎。我只好当一个放鹅女，干下等活儿。如果我的母亲知道了这些事，她的心都会碎的。”老国王这时就站在壁炉外面听她说话，他走向壁炉，叫她出来，给她换上华丽的衣服。奇迹发生了——她变得光彩照人，异常美丽。老国王把儿子叫到跟前，告诉他，他娶的那个女人是假新娘，她原本是个侍女；

真正的新娘就站在这儿，就是那个放鹅姑娘。年轻的王子看到公主的美貌并知道了她的品行后，欣喜若狂，举行了一场盛大的宴会。王宫里所有的人和国王的亲朋好友都被邀请来了。王子坐在最上边，公主坐在一边，侍女坐在另一边。侍女这时觉得很纳闷，她怎么也认不出这位打扮得如此耀眼夺目的姑娘是谁了。大家吃饭饮酒，气氛非常热闹。这时，老国王给侍女出了一道题：如果一个侍女欺骗了她的主人，该怎么办？他描述了公主和侍女之间发生的一切事，然后问道："这个侍女该受到怎样的处罚？"假新娘回答说："把她的衣服脱光，放到一个内部钉满尖钉子的桶里，用两匹白马拉着，穿街走巷，直到把她拖死为止。用这个办法再好不过了。"

"那个侍女就是你，"老国王说，"你为自己做了判决。那么，就照这个办法来处置你吧！"

此后，年轻的王子和真正的公主结婚了。两人管理着国家，过着和睦又幸福的生活。

童话从一开始就提到了老王后，她的丈夫早就死了，她把漂亮的女儿许配给"远方"的一个王子，为此公主不得不远行。此处令人诧异的是：一个真正的王子本该亲自来迎娶他的王后，但童话中的王子并没有。公主必须自己上路去远方，她在与王子结婚之前必须经历这段成长之路。显然，她不是简单地由母亲直接交给王子的。

她必须从母亲那里解放出来，同时，也需要摆脱积极的母亲情结。如果一个人有原始的积极的母亲情结[7]，他就坚信自己会成为一个美好世界中的优秀的人，这时他很少会有阴影，而且会产生一种“阴影盲”，即对阴影完全没有识别能力。然而他一旦产生阴影，就会造成巨大的失望，就会对自我形象和世界的形象造成一种损害。如果某人有积极的母亲情结，他就会期待别人像母亲一样对他好。在这种情况下，他自己根本不知道什么地方会出现阴影，他一直感觉很好，如果可能的话，他也不想在其他地方看到阴影。一种积极的母亲情结使人单纯，使人无论在何种情况下都会轻信他人。

我们从公主不得不摆脱原始的积极的母亲情结中推断，她已经做了充分的准备。她得到了她需要的一切，还有母亲的祝福，甚至更多。一个侍女与她同行，乍看上去这完全是一件好事，她有了一个伴，不会感到孤单。她骑着一匹名叫“法拉达”的马，它非常特别，会说人话。他们来自一个共同的国度。

“法拉达”这个名字[8]的意思是光明之神的神圣之物。布鲁诺·施利普哈克把这一名字同奥丁联系在一起。奥丁是风神、风暴之神、智慧之神。这匹马首先象征着具有活力的承受劳役生活的躯体，同时，也具有一种活跃的精神特征。这也许证明了其与某种父亲般的慈爱有关。

此外，公主还得到了滴有三滴血的小白布，这是血缘关系、心灵的沟通和与母亲的象征性结合。母亲显然知道她的女儿需要这种结合，这是一种她能给予女儿的有力的保护。

最初，这一切看上去都是那么美好，直到公主感到口渴之前。我们可以把口渴理解为一般的口渴，也可以理解为对生活的渴望。因为如果母亲非常周到地关心、保护她，也许会使她远离生活。在母亲的保护范围之外，她对生活的渴望变得更明显了，这时，侍女登场了。她是一个阴影姐妹，后来还“假扮新娘”——这是一个来自阴影世界的人物。

侍女不按自己的角色行事：她不服侍公主，反而发号施令，让公主自己俯下身去喝水。假如公主至今还从没做过这种事，这确实有点儿悲哀。但这也许是另一种生活感受：不能高高在上地等水喝，而要自己俯下身去取水。尽管公主感到不满，但还是服从了。但这并不足以改变境况。她不想让自己像侍女那样。人们也可以设想，公主可以告诉侍女收敛一点，或者把她打发走。但公主没有积极地出击，而是有点儿退缩："如果我的母亲知道了……"

简而言之，公主成了侍女的牺牲品，侍女以后当然越来越放肆了，以阴影自居一步一步地出现：象征着受压抑阴影的侍女获得了越来越大的权力，而公主的主角角色——作为个性中自我的象征——被剥夺了，尔后也就自然地丢失了那块象征着与母亲相联结的、有三滴血的小白布。我们看到了一幅典型的与善良分离的情境：随着青春期的到来，与父母阴影的分离发生了，年轻人开始去体验那些被父母作为阴影而忽略的生活。这种生活在家里是被禁止的，这样一来，他们就与父母处于对立的状态。通常，父母并不会对他们进行批评，而是在他们的家庭体制中不给年轻人这种机会。因此，他们就不得不有赖于阴影了。

善良的母亲出于良好的愿望让侍女陪伴公主，但这位侍女有许多阴暗的性格特点，她显然不是一个乐于助人的人。于是，公主越来越趋向于接受压抑的阴影。最初，人们会有这样一种印象，公主对侍女的尖刻感到害怕，童话中把她说成“恭顺”，但也可能太恭顺了。正是这种恭顺使得她与侍女互换了衣服，互换了马匹，甚至互换了命运——这可就走远了。最后我们明白了，阴影自居会造成灾难性的后果：只能体验生活的一个方面，而不能体验自己的由光明和黑暗构成的完整生活。

在童话中是何时发生的以阴影自居呢？是在公主来到空旷的原野时。这时，宫廷的法规不再有效，她感到害怕，随之越来越受制于侍女所特有的行为——一种实施愿望的、主宰他人的行为。公主突然自主地表现出一种不适当的行为方式、一种勉强的独立行为。本来感到害怕的人，作为一种补偿，会变得异常疯狂，毫无顾虑地去实现自己的目的。这在童话中描述的一些情境中得到了表现。如公主虽然穿上了侍女的衣服，但她仍然知道自己实际上是另一个人。“如果我的母亲知道了这些事儿”的叹息声也可以这样理解：她总是回想起她是善良妈妈的女儿和她个性中还有没被蒙上阴影的方面。她不想让自己完全被蒙上阴影。

在自由的天空下，公主深信自己不会把角色交换的情况告诉任何人。这也就意味着，她知道在别人看来她似乎是一个侍女，但她也知道自己不是。

在远离田野的异国宫廷里，侍女成了新娘，公主却成了牧鹅少女。两人的角色仍交换着，但现在她们处于人们的注视之下——老国王看到了公主没有被阴影蒙蔽的一面，他不是看衣服，而是看形象：文雅、娇小、温柔，并且非常漂亮。他看到的不是那个被蒙上阴影的人格面具，而是面具后面的那个人。

别人可以把我们推进阴影中，也可以在我们与阴影奋力搏斗或被阴影蒙蔽时看到我们那些尚未被蒙上阴影的一面。他们把这称为“没有阴影的部分”，以此向我们保证，我们不会逐渐被蒙上阴影，逐渐死亡和不被接受。而往往就是这样一些交往经验，能使我们重新找到那些较少被蒙上阴影的一面。

公主被老国王和科特兴带到鹅舍边，这是一个发展的过程。最初，它至少表面上不是为了解决以阴影自居的问题。但对抗阴影的工作也可以直接进行，这是非常重要的。鹅群和科特兴一起来到草地上，这时草地上出现了一种游戏似的“调情”的气氛：公主解开金光闪闪的头发引诱科特兴，然后又把他赶跑。这时，我们非常意外地得知她还能指挥风。让科特兴非常恼火的是，她竟然对着被假王后杀死的法拉达的头说话。这是与过去生活的一种回归联结。法拉达不像其他童话中会说话的马那样会提供帮助，但它的存在和他们在困难的处境中相互同情就足够了。

与科特兴的对话使得老国王下决心要以父亲的立场去弄清问题。这促使公主变得成熟起来：一方面公主得到了父亲般的关注，另一方面她学习与男孩进行游戏、调情般的交往。我们可以把科特兴看作年轻的阿尼姆斯，但这是一个父亲般的阿尼姆斯。

老国王感觉到公主有沉重的心事，他想帮助她。他想了个主意，她可以把那些不能告诉任何人的事讲给壁炉听，他对她的不幸表示同情。在获得最安全的保护后，她说出了自己的真实身份：她之所以孤寂，是因为她是一个公主，侍女强迫她脱下公主的衣服，并占据了她的位置。最后她说，“如果我的母亲知道了这些事儿”，实际上是在毫不留情地描述自己的境况：在一个不适合的地方，她的生活计划被毁了，她很孤独。但她也存有希望：如果母亲知道的话，她一定会来救她的。但最先救她的是老国王。她重新获得了皇家的服饰，人们感觉到了她光彩夺目的人格面具行为。而侍女不得不说出对自己的判决，这一判决使她把自己消灭了。从阴影的接纳角度来看，这是一个有问题的结局，尽管这种结局在童话中是非常典型的。也许公主对侍女的阴影体验够了，侍女可以退场了。作为行为阴影的侍女永远消失了，这种想法未免太乐观。

从这个童话中我们能学到些什么呢?

每种家庭体制都有阴影，具有原始的积极的母亲或父亲情结的家庭体制是非常特殊的。在摆脱父母和父母情结时，这种被压抑的阴影成分就被激活了，它们大多数被体验着，人们必须对此加以研究。王后可能认为，应当为女儿的生活配备得良好一些，而女儿也有能力和她的侍女一起很好地照料自己，但王后没有预料到这个侍女有权力欲。当父母的规则不再起作用时，这种阴影成分就变得活跃了。然而，在童话中绝不可能看到公主与侍女的完全同一：公主始终知道她完全不同的另一面，但不得不以侍女的角色行事。这是许多年轻人都有过的一种选择性决断——一种在乐意顺从父母与教师和担惊受怕的公民角色之间做出选择的行为。

在牧鹅少女——这是我要谈论的以阴影自居——的童话里，公主被迫扮演侍女的角色，这是危险的。她没有选择，她具有阴影行为，虽然她知道自己是另一个人。这使我想起了一些人，他们不得不采取既危害自我也危害别人的行为，尽管他们知道自己还有另一面。摆脱这种情形不能通过与侍女的积极争论来实现，而要通过继续发展来实现。在这则童话中则是通过男性方面的发展来实现的。

公主也总是随着强加于自己处境中的痛苦进行移情，但这是不够的，还必须有来自外部的补充的移情作用。在摆脱以阴影自居时，交往是非常重要的：要有这样一个人，他不仅能看到阴影，而且承认这种以阴影自居会令人产生无限的伤感，会给人带来痛苦。通过别人的眼光观察未受蒙蔽的一面，观察明亮的一面，通过他们的移情使自己的看法和自己的移情获得有效性，我们就可以改变自己，这是非常重要的。但这一切必须在合适的时刻进行，也就是要在完成了必要的内在发展步骤以后。

童话中，侍女是假新娘，公主是真新娘，由此涉及一个真假自我的话题。童话把与侍女的同一诊断为“假自我”。这种侍女式的假自我必须被加以排除，之后唯一与我们相关的就是“真实的自我”。

然而，在日常生活中事情不会如此简单。

当自己的配偶在梦中与另一个人在一起，甚至与他或她结了婚，这些梦就会表达出这样的问题。这些梦常常会令人大吃一惊，还会引发一方对配偶不忠的怀疑。正确的做法应该是，问一下自己：在交往中是否有过许多阴影行为？那个不认识的情人是否有可能是自己陌生的另一面？这些是在交往关系中的体验，甚至处于交往关系的核心。

如果我们与阴影同一，我们的行为举止就与较少被阴影蒙蔽时十分不同，这不可避免地会给交往带来困难。这种情况大都与完全可以被加工的阴影成分有关：如果在男方的梦中突然出现了一个非常“有女人味和温柔”的女人，这就值得人们自问，最近自己是否非常有女人味、非常温柔，或者完全相反，是盛气凌人和争强好斗的……

接纳实现发展的互补阴影

我把那种能充实我们的阴影称为“互补阴影”。在童话《牧鹅少女》中以及在神话中的伊娜娜进入地狱时，我们都会面对一个只有通过发展才能实现的接纳互补阴影的问题。

日常生活中的一个例子

埃尔文是一位四十八岁的男士，因为严重的抑郁症来接受心理治疗。他有一个同事叫特奥巴尔德，此人特别反感别人称他“特奥”，要求别人叫他的全名“特奥巴尔德”。特奥巴尔德还有一个发音很特别的姓，这里出于保密的原则就不公开了。

当同事特奥巴尔德进入埃尔文的梦境中时，常常会发生一些大大小小的灾难：

> 特奥巴尔德按门铃时，我正在打领带，我必须穿戴整齐。但我怎么也无法系好领带，于是就喊妻子来，请她帮我把领带系好。我知道我应该去开门，但在梳洗停当之前我做不到……

做梦者始终没有去开门，这个梦总是以同样的方式进行，很是折磨人。特奥巴尔德站在门外无法入内，做梦人想去开门，但又做不到。

特奥巴尔德在门口敲门，他要进入做梦人的屋内，靠近他，想成为他的体系中的一部分。梦中的敲门人想被看到和接纳。埃尔文想开门，但在走向大门的途中总是有障碍：他老想在与以特奥巴尔德的面具出现的个性部分交往之前，把自己打扮得漂亮点，衣着端庄点，看上去完美点。只有戴上一个无可指摘的人格面具后，他才能走进“特奥巴尔德阴影”。

埃尔文与特奥巴尔德有什么关系？他们属于同一家公司的领导层。在埃尔文的眼里，特奥巴尔德是一个情绪非常容易激动的人，是一个不折不扣的“爱哭孩子”。“他常常很令人震惊。每当我们从人道主义角度上制订利润计划时，他就向我们大喊大叫，认为这件事很严重。所幸的是其他人是‘冷静清醒的’，所以平衡了他的激动情绪。”特奥巴尔德本人及其观点平时就激怒了埃尔文，埃尔文认为最好还是避开他。但特奥巴尔德在一段时间里成了埃尔文半数梦境中的人物，于是埃尔文来接受心理治疗，研究一下这个“特奥巴尔德”。

我们就这些梦与埃尔文在客观层面上进行了友好的交谈。埃尔文用这些梦向我们说明，日常工作中的不愉快情境会在梦中得到证实。如果人们把一种内在的形象保留在客观层面上，也就是留在投射中，就会促使做梦人非常坦诚和激动地谈论这些人，却不曾想过他们实际上是在谈论自己。埃尔文没有意识到他可能具有一种“特奥巴尔德阴影”。

埃尔文的另一个梦是：

我的女儿吊在悬崖绝壁上，我告诉她许多解脱的方法，可她完全迷糊了，笨手笨脚的。这时，有一个身着玫瑰红色紧身上衣的男人从山顶上爬下来与她交谈。他们传递给我一个“一切正常”的信号。后来不知怎的，女儿找到了下来的路。

埃尔文认为，这个男人就是特奥巴尔德，因为没有其他男人会穿玫瑰红色的紧身上衣。这个梦留给埃尔文的感觉是矛盾的：女儿得救了。埃尔文松了一口气，但救她的人最好不是特奥巴尔德。他总是出现在能使他大出风头的场合，他总是假装成一个好父亲，似乎对自己的女儿十分宠爱。根据埃尔文的观点，梦反映了他与女儿的交往关系：“我常常告诉她应该如何去做一件事，但她不知所措，稀里糊涂，好像什么都没听懂。似乎为了表示对我的惩罚，她是特意这么做的。我的女儿使我没有成就感。我对她的指点毫无争议是最正确的，但她总是不能或不愿去遵循。这时，那个特奥巴尔德出现了，向她爬过去，安慰她。接着所有的事情重新发生。”

特奥巴尔德不仅在公司和业务方面是一个重要的人物，在与女儿良好地、心平气和地交往方面也是一个好父亲的典范。但埃尔文不这样认为。埃尔文深信，他做这样的梦是希望从心理上放松自己，以免有一天会对特奥巴尔德暴跳如雷。

在与阴影交往时，阴影承受者常常会丧失自己的特征，自己的地位被理想化了。这时，投射的阴影部分常常具有非常积极的特征。特奥巴尔德不仅是一个重感情的人，是一个能理解别人的人，也是一个能产生同情的人，这些特点都在埃尔文挑剔的眼光中被以奇特的方式抵消了。

在进一步的治疗过程中，对特奥巴尔德的分析退到了次要的地位，他不再出现在埃尔文的梦中。平时，埃尔文也不再对他生气了。于是，一种阿尼玛①的发展开

---

① 阿尼玛：亦称“阴性基质”。与“阿尼姆斯”相对。这是荣格分析心理学用语，指男子人格中或心目中的女性原型或女性意向，是人格中集体潜意识的内部原型。见第三章中的译者注。——编者注

始了。

阿尼玛和阿尼姆斯[9]在荣格的理论中是调整关系的原型：我和你之间的关系，内在世界和外部世界之间的关系，意识和无意识之间的关系。此外，原型形象也有助于自我摆脱父母情结，并导致更多地关注自身的中心、自我的自我。我们可以从梦中出现的诱惑或极大的恐惧，或者从梦中出现的与一个神秘的陌生女人或男人的关联——上述两种情况中来识别阿尼玛和阿尼姆斯。

埃尔文梦见一种神秘的、陌生的妇女形象。她轮廓不清，意义不明，表情善意。埃尔文不能一下子对这个形象做出确认和归纳。这个梦激起了埃尔文心中极大的但并不确切的思慕、幻想和梦幻。他曾多次被某些特定的女人吸引，但又总觉得这些女人与他内心的形象不一致。如果产生了这样一种阿尼玛形象，就会形成一种具有极大心灵活力的情形，一种能促进发展的情况。

这种非理性的感觉对埃尔文来说很有吸引力，但同时也会令他讨厌和害怕。他抱怨道，他怎么会突然那么多愁善感，那么“没有能耐”。他老是梦见自己马上就会像特奥巴尔德那样了，但他不是很抑郁。埃尔文需要时间转变自己的心境。过了很久他才说出来，他确信，他有着自己非常喜欢的，但不想在别人面前流露出来的“多愁善感的一面”。这种多愁善感表现在他会找寻一些伤感歌曲，并会在驾车的途中或不是家人都在家的时候哼唱这些歌。没有人知道他有这种喜欢多愁善感歌曲的嗜好。

有一次在公司晚会上，在夜深人静时，特奥巴尔德曾和埃尔文一起唱起这些忧伤的歌曲，这令公司的其他员工非常惊异。特奥巴尔德这样做不足为奇，而埃尔文也这样做则出人意料。在晚会结束前，特奥巴尔德对埃尔文说，自己对埃尔文真的非常同情，而且一直很怕他，因为自己有过被他拒绝的深刻印象。埃尔文承认，自己也很怕特奥巴尔德，然而现在他相信他们能相互学习。

以往的拒绝变成了如今小心翼翼的接近。埃尔文认为：“我会把我生活中的一小部分‘特奥巴尔德’很好地整合到自我形象中去，但如果太多了就会有危险。”埃尔文还始终认为，一个真正的男人应该“像克虏伯①的钢那样坚硬”，尽管他自己是一个非常柔弱的男人。当然，人

① 克虏伯：德国著名的军火制造公司，公司奠基人名为阿尔弗雷德·克虏伯。该公司生产的大炮曾帮助俾斯麦在 19 世纪中叶先后战胜了奥地利和法国。——译者注

们不可能一瞬间就牺牲这样一种自我形象，他能容忍自己有“一点儿特奥巴尔德”。比如埃尔文说，他现在尝试着对女儿采取一种“特奥巴尔德手腕”。他不再对她大喊大叫，发号施令，而是问她对什么感到害怕。埃尔文表现出了与这种阴影承受者的部分同一，这比完全同一所引发的害怕要轻得多，这样他就能逐渐改变他的自我形象。以特奥巴尔德形象出现的阴影和吸引人的阿尼玛形象在前后的情感关系上应该是可以互相比较、对照的。

埃尔文最初不接纳这种阴影，所以这是阿尼玛。之后，与这种积极体验的阿尼玛形象有关的、被埃尔文视作先天特征的情感能开拓出特有的生活领域，由此“特奥巴尔德阴影”就不再令人害怕。

童话《牧鹅少女》中显示了一种发展阿尼姆斯（科特兴和老国王）来探讨阴影的情况。也就是说，有时，对待阴影并不是要求我们谋求彻底的改变，而是像神话中的伊娜娜一样，开辟一条实现发展的僻径，由此使我们与阴影更加相安无事。从心理动力学层面上，我们可以这样解释，通过发展合适的阿尼玛和阿尼姆斯来改善自我联系、同一性的感觉，由此可以使自尊更稳定，这样能使我们与阴影进行对抗。

与阴影战斗：吉尔伽美什和恩齐杜

大约公元前2000年，在苏美尔，流传着一个关于吉尔伽美什和恩齐杜的神话。有史书为证，吉尔伽美什是乌鲁克的一个国王，杜姆齐的继任者。但他被载入苏美尔神话中，成为神话中的国王。吉尔伽美什说，他三分之二是神，三分之一是人。神话故事里记载，他有4.4米高，由一位处女所生。他的母亲是一位有才华的释梦者。吉尔伽美什做了梦，就会让母亲进行释梦。

吉尔伽美什是个暴君，他奴役城市里的男人和女人。男人必须为他干活，女人白天为他料理吃喝，晚上则满足他的性需要。他似乎贪得无厌，是一个残忍的人，众神不想再看到他，决定消灭他。安努神①指示女神阿鲁鲁给吉尔伽美什制造一个能杀死他的对手。吉尔伽美什对此一无所知，但他做了两个梦，于是他把这两个梦告诉母亲[10]：

> 噢，妈妈，在昨晚的梦中，
> 我鼓足勇气走在一群男人之中；

① 安努神：苏美尔宗教中的苍天神，为众神之首。——编者注

天上的星星聚集在我身边——
安努的武器朝我击来；
我想把它举起来，但感到非常沉重，
我想把它挪开，但挪不动！
他正向乌鲁克王国靠过来，
男人们吻着他的脚；
我却倚靠着他，他们都来帮助我，
我把他高高地举起，并把他带到你身边。

母亲是这样解释这个梦的：

吉尔伽美什，也许这个人像你一样，
他出生在草原上，
在草原国里长大——
你看到他就会快乐；
男人们吻他的脚！
你去拥抱他，并把他带到我身边来！
他就是强大的恩齐杜，
一个能帮助朋友摆脱困境的小伙子！
他是草原上的最强者，他有力量，

他的力量就像安努的城堡一样强大！
你与他说话要低声细语，就像同女人说话那样，
他会一次又一次地救你。

后来吉尔伽美什做了第二个梦：路上有一把斧子，一群人围着它。这把斧子看上去十分恐怖。吉尔伽美什这样对母亲说：

我看了它一眼，我很高兴，
我得到了它的爱；
我就像对一个女人一样
与它窃窃私语。
我捡起它，放在我身边。

吉尔伽美什的母亲说：

你看到的那把斧子是一个男人！
你得到了他的爱；
你要像对一个女人一样，
与他窃窃私语，

我会像对你一样对待他。

他将去你那儿，

这个能在困境中救朋友的小伙子！

对此，吉尔伽美什说：

杰出的顾问恩莉尔的命令肯定会实现：

我希望赢得一个朋友，一个顾问，

我希望有一个朋友来当顾问。

你来帮我释他的梦！

因为吉尔伽美什的母亲知晓他的未来，所以她也能看到梦中发生的事情。恩齐杜——这个名字的意思是“美好地球上的男人”——是女神阿鲁鲁根据安务神的指示创造出来的。他是一个野人，在草原上长大，喝动物的奶，从没修剪过头发。他是“寂静”和“地球”的后裔。恩齐杜的脑袋比吉尔伽美什的小，但肩膀比较宽，两人的力量旗鼓相当。乌鲁克的公民深受吉尔伽美什之苦，他们都情愿归顺恩齐杜，听说恩齐杜几乎与吉尔伽美什一样强大，于是他们费尽心机要把他带到乌鲁克。

他们先是找来一个女人供恩齐杜享受七天七夜，后来又取来酒让他饮用，他们不停地劝说他，最终恩齐杜被他们说服了，来到了乌鲁克。于是，吉尔伽美什和恩齐杜相互争斗，打得不可开交，以致神庙的柱子都被毁坏了。人们关心的是谁最终能杀了对方。

突然，吉尔伽美什说："我梦到你了。"恩齐杜说："我知道。"

神话中说，在那一刻，仇恨就像被春风吹走了。他们先是承认对方非常强大——承认对手的强大是一个重要方面。随后是一番唇枪舌剑：恩齐杜批评吉尔伽美什，说他虽然声称要保卫城市不受外来势力的侵略，实际上自己却从内部摧毁了它。吉尔伽美什则蔑视恩齐杜，说他没有自己的观点，几天前还在喝野兽的奶；恩齐杜称吉尔伽美什骄傲自大，他必须知道野兽那也有真理，恩齐杜自己也是最近才知道这一点。接着，他们都考虑是否要继续互相厮杀。吉尔伽美什说："我宁愿成为你的同伴和兄弟。"于是他们互相亲吻、握手，长时间地对视、拥抱、大笑，最后高兴得哭了起来。

他们俩一起去冒险，这使得众神大为不悦。吉尔伽美什和恩齐杜杀了保卫雪松森林的巨兽，拔掉雪松，冒犯了伊娜娜。他们还惩罚天兽，把它打死了。众神忍无可忍，于是把恩齐杜杀了。

恩齐杜的死引起了吉尔伽美什的极度悲伤。在神话中描述了悲伤的过程。恩齐杜使吉尔伽美什有了死的体验。于是，吉尔伽美什开始寻找长生不老药。他忍受着极度贫困，经过长期艰苦的寻找，终于找到了这种药。归途中，他在一口井旁歇息时，一条蛇趁机盗走了他的药，因此，蛇能长生不老，人却不能。后来，一个女神安慰吉尔伽美什，劝他在面对死亡时应该尽情地享受生活。

这里产生了一个阴影接纳的问题，它是在斗争中发展起来的。对阴影的分析最初是通过释梦进行的——今天人们仍然在这样做——然后，出现了一个代表这个阴影的人。吉尔伽美什轻视恩齐杜，把他视作尚未开化的野人，认为他远不如自己。我们也常常轻视那些我们与动物所共有的特征，比如某些欲望，我们把它们看作阴影。

吉尔伽美什与恩齐杜先是发生争斗，之后吉尔伽美什想起了一个梦，也许还想起了他的愿望，那个想有一个强大的朋友、一个强大的顾问的愿望。两人互相证实并接纳了对方的强大。他们尊重对方的强大，经过一番唇枪舌剑后他们成了朋友。两人经过一番争斗后，不再是彼此的阴影形象。

最先成为阴影的承受者的人，经过与他人的争斗，证明他有生活的权利之后，常常可以与对方成为彼此信赖的同伴。这种情形使人回想起童话中的结拜兄弟之情（也有结拜姐妹之情）。结拜兄弟之情意味着，如果一个结拜兄弟有难，结拜者就要像对待自己一样去帮助他，必须以自己的生命去保护结拜者的生命。如果一个人能使他人处于最佳的生活状态中，那么他自己的生活也是成功的，因为结拜兄弟之情是建立在相互性的基础上的。双方可以互相信任，相信一方会像对待自己一样对待另一方，由此产生一种控制生命的强大力量。吉尔伽美什和恩齐杜友谊的背后就是这种典型的结拜兄弟之情。

吉尔伽美什和恩齐杜共同开发出一种巨大的能量，一种强大的生命力、勇气和能力。当然，这些都不是用于取悦众神的。在这一神话中，与阴影的遭遇最终导致了与希望的相遇。死亡或没有活力是生命活力和生机的阴影。女神劝告吉尔伽美什，面对不可避免的死亡要尽情享受生活。这里，女神说出了如何对待生与死的正确答案：生命活力不应被“死亡”蒙上阴影，不要去探讨长生不老。正是因为有死亡，所以更应该为生命而活着。

阴影的抗争——冲突的友谊

与阴影抗争的人很少会觉得自己被阴影蒙蔽。与“旧的自我”的阴影投射对象进行抗争，也会在那些非神话人物身上产生冲突的友谊。

日常生活中的一个例子

二十六岁的贝阿特在一个优先雇用男士的企业工作，在同一岗位上除了她还有一位女士。贝阿特本希望她们能成为贴心的朋友，但这位女士完全是另一副模样：她的头发剪得一团糟，衣服穿得皱七皱八，为人蛮横、轻佻、自以为是、傲慢——一句话，令人讨厌。这是一个什么事都会做砸的人，因此，她们经常出现意见分歧。贝阿特说：“她说我和她过不去，这完全是胡说八道。我没有和她过不去，而是她和我过不去。我和她过不去还不如和马路边的电线杆过不去呢！她真是太可怕了。”

贝阿特曾梦见这位女士，对于这个梦，贝阿特非常相信自己主观层面的解释。她对她持拒绝的态度：梦见这位同事并不是说贝阿特从内心认同自己与这位同事在某些方面相似，而仅仅是梦涉及了女同事这个人而已，梦境证实了贝阿特对她的坏印象。贝阿特认为，对主观层面的理解是没有什么意义的，因为承认自己也有这位同事的特征对她来说是一种侮辱。

过了一段时间，无论在日常的交谈中，还是在贝阿特的梦中，都不再出现这位女同事的身影了。大约半年后，贝阿特给我看了一份她递交给公司领导的建议书。这份建议书是关于如何改进公司工作氛围的。奇怪的是，建议书后有两个人的签名，一个是她，另一个就是那位"可怕的女同事"。对此，贝阿特是这样解释的："我认为她是公司里唯一有勇气和有思想的人，她也是这么看待我的。"

这两个阴影姐妹的和解是随着她们互相承认对方的强大并相互尊重而开始的。这是一种特别困难的交往，她们共处的时间越多，争论就会越激烈。贝阿特说，她们互相批评。她责备女同事行事虚伪，老想奉承别人。尽管这位同事实际上是这些指责的背叛者。她会不惜一切代价地想要压过别人，只是从来没有实现过。但贝阿特从同事的行为中看出并认定：她们有一些共同的思想，因此，她们才会走到一起。也许两人都觉得，她们能互相探讨对方的阴影。

她们不会简单地相互阻拦对方，她们会像吉尔伽美什和恩齐杜那样相互爱慕，她们继续一起抗争、互相学习。贝阿特学会了把这位同事的穿着品位看作她的个人爱好，如此，她就不会经常批评女同事的穿着了。因为我们觉得任何事都要适度，所以会把低于此“度”的人贬低成趣味低下，而那个人可能只是有与众不同的审美趣味而已。对此，贝阿特开始生气了：她觉得适度非常重要，贬低别人的所作所为就是阴影。贝阿特注意到自己不能简单地无视别人的观点，所以就贬低它。她认识到自己有阴影行为。让贝阿特感到很生气的是，自己无法轻而易举地避免这种行为。

女同事的责备使贝阿特更具有了阴影意识。现在，她对这种责备的态度不再是简单的拒绝，而是试图对其合理性进行评判。女同事责备贝阿特说，她经常在非常生气的时候表现得特别冷静温和。贝阿特把这视作“强大”的表现：她知道自己很恼火，但她觉得，在一个男性团体中最好不要表现出不快。于是，她把自己的感受和表现颠倒过来，把愤怒表现得特别温和。这一点使得女同事极其不满。

贝阿特知道，尽管她表现得温和，别人仍会疏远她。她的女同事认为，贝阿特的这种行为尤其能激怒别人。虽然从表面上看不出明显的迹象，但是他人完全能够感觉到她在生气。同事们一直认为，这两个女人都具有把事情搞砸的倾向。只是一个人是直接的，另一个则隐蔽在特别温顺的人格面具背后，而这种温顺同样会产生攻击性。

在与这位同事不断的争论中，贝阿特变得更好斗了：这种关系是建立在两人互相尊重、具有某些共同思想的基础上的，但两人由于彼此“合不来”而不愿建立更紧密的交往关系。在那种需要相互承认才能变得更紧密的关系中，事情会比较简单，有冲突也会直接反映出来。因为这种好斗性，她们认识到了自己的阴影，也激起了个体的自我意识。

贝阿特把许多阴影特征都投射到了她的女同事身上，而女同事似乎同样把自己的阴影特征投射到了贝阿特的身上。这样，贝阿特就开始了与阴影承受者的顽强抗争。

她先感受到的是气愤和遭受拒绝，接着是责备和要求改变，最后她承认，每个人都可以有自己的个性。她接受了这样一种认知：这种使他人生气的行为特征也是自己个性的一部分。而有的人则不能接受，他们会与此抗争。

贝阿特明白了，不必喜欢一个人才能尊重他、敬佩他和爱他，她学会了探讨这种不相容性，这对于调节交往关系是很重要的。

阴影史常常就是交往史。虽然它发生于几个人之间，但总有一种内心的相似性。现在，毫无疑问，贝阿特在主观层面上会把出现女同事阴影的梦视作自己个性部分的表现。

从这个例子中我们可以看到：阴影部分常常是那些强大的部分，是具有许多能量的个性特征，因此，我们应竭力倾向于接纳它；如果我们与它势不两立，就可能被其中受抑制的巨大能量摧毁。

第八章

阴影接纳

根据神话、童话、梦和日常经验，我提出了几种阴影接纳的模式。阴影接纳的过程不尽相同。如何成功地接纳阴影，一方面有赖于阴影本身，另一方面也取决于自我情结的凝聚性，即自我有多强。随后，还将涉及互补阴影和相似性阴影的接纳问题。

互补的阴影——未知的一面

伊娜娜和埃莱施基加尔可以作为互补阴影的例子：两个势不两立的对手相互对峙。接纳互补的阴影很容易导致以阴影自居。以非阴影成分自居早就发生了，所以阴影总是陌生的，它越来越令人害怕，越来越令人感到丢脸，它不断地被贬低。当然，如果发生了阴影自居，我们就会对自己的行为和举止感到陌生与害怕，我们会感到羞愧，而不是想对此加以防卫。危险就在于我们对自己完全是贬低的，并深信一个人如果不是“非常好”的话，那就是“坏极了”。“好”和“坏”被分割之前所起的作用是使我们只进入好的、清晰的一面，但现在是使我们只进入阴暗的一面。

分割的防卫机制会导致产生同一性的障碍：如果把一切都纳入“好”或“恶”的范畴，那我们就始终只能接受自己的一个方面。我们越是受到自己阴影方面的威胁，就越是美化自己，这样也就越远离自己，使自己越来越不真实和不切实际，这种同一性的障碍可以通过阴影的接纳进行克服。

只要我们把阴影分割了，我们就相信自己完全知道什么是对的，他人应该采取何种行为。理想给我们提供了一种准则，没有实现和不可能实现的种种期望会给人带来失望，同时，也阻碍了我们向他人表示感谢，因为他们使我们熟悉了种种完全不同的行为模式。如果阴影被完全接纳了，我们就会知道有无限多的“正确”途径使理想落空。我们对自己所面临的境况将更坦然，同时，也为许多无危害的生活可能性、生活的财富而对其他人怀有感激之情。

但这又意味着我们会用另一种方式来对待自己的价值冲突，在争论中会如此对待他人的价值。这不是一种价值“战胜”了另一种价值，或在分析讨论中确定谁是胜利者、谁是失败者。我们必须经常考虑那些会引起争论的价值究竟是什么，也许我们能对此进行整合，使之“双赢”，即使冲突双方都成为赢家。

假设一个非常容易知足的人有贪婪的阴影，而他本人也意识到了这个阴影，并对此进行了强烈的抵抗，引发了羞愧。这个人一直对贪婪之人加以取笑、蔑视，如果他们近在跟前就会责备他们。在接纳这种阴影时，他不是简单地发现自己生活中易于满足的优点和缺点，或者贪婪的优点和缺点。他说，如果贪婪已成为阴影，那么必须先想象一下，在何时何地贪婪可能是有益的，甚至是必要的。为此他必须积累大量与贪婪有关的联想：贪吃、贪心、好奇、对生活的奢求……如果他真的能这么想，就会有许多这方面的素材，他也会知晓知足性的缺点。他不是从中简单地达成一种妥协，而是对在何种生活情境中可以保持知足、在什么场合愿意承认自己贪婪做出决断，再高一级的目标则是一种有活力的生活。

如果我们接受了阴影接纳的概念，我们在与他人的价值冲突中就会产生类似的行为。如果知足和贪婪互相发生了冲突，就要寻找一种解决办法，以使双方都认识到什么场合要知足、什么场合要贪婪。必须确定，何时何地知足、何时何地贪婪会使人产生良好的生活感觉，也就是说，这里不存在胜利者和失败者，双方都是赢家。

苏美尔神话和童话《牧鹅少女》在如何进行阴影接纳的问题上给了我们一些启示。一个重要的前提是，我们要回想没有被蒙上阴影时的情形，并且知道我们并没有完全被阴影蒙蔽。回想不太受阴影支配的那些时间是很有益的。另外，在故事里，同情的话题也是很重要的：我们在经常引发抑郁后果的、被阴影蒙蔽的情境中会感觉到对我们自己的同情，但我们也会想到，我们需要依赖那些不是进行批评而是给予理解的人所表示出的同情，尽管我们的行为举止对他人产生的影响是那么令人生厌。

阴影意识和阴影接纳的发展会要求我们首先经历一段内心的发展之路。正如童话《牧鹅少女》中表现的那样，公主摆脱了母亲情结。

神话和童话也明确地表达出，阴影接纳的话题贯穿人的一生。换句话说，如果阴影不再受到排斥，生命转折就会发生。

通过争斗接受模拟的阴影

我们把自己经历或排斥的以及在别人身上意识到的，比如吉尔伽美什和恩齐杜的阴影，视作模拟的阴影。

具有模拟阴影的人肯定会受到蔑视、拒绝，否则这就不是阴影的问题了。人们互相争斗和仇视。但是，由于接纳了对手的强大和觉察到未受阴影蒙蔽的部分，人们从这种威胁的感受中产生了寻找伴侣的经验，这就可能陷入爱情之中，就像吉尔伽美什和恩齐杜。但更常见的是，导致建立一种深情的小心翼翼的交往关系，在这种关系中双方都知道最好对方能出人意料，并且不是我们常常期待的那种“坏的因素”，而是我们意识中一再指望着的一种挑衅性的刺激。

通过争斗来接纳模拟的阴影既可以在人际交往关系中实现，也可以在内心发生。在这两种情况下接纳都会使人强大和充满活力，能接近自己心理的一些新的方面，它也使人更宽容。如果我们可以接纳他人，承认他们有像我们一样的思想和行为，那就不需要宽容了。宽容意味着我们要用另一种态度去接纳他们，我们不会感到这种态度有什么威胁，接纳它也没有什么压力。通过与阴影的争斗我们将变得更具有解决冲突的动力，更善于交往。

如果我们已经具备了一些对阴影的宽容，如果我们有足够凝聚性的自我情结，如果我们并不把阴影承受者看作全部被蒙上阴影的，那么不管是在现实中、梦中还是在幻想中，我们就有了一种与阴影争斗的最好方式。这很容易检验：我们假设，你遇到一个阴影兄弟或阴影姐妹，这个人确实非常令你讨厌，如果你只看到他身上被你严厉加以拒绝的个性特征，你就会避开他。如果你拒绝了他，却仍感到他有一种魅力（也许只有一点点），你开始对他产生兴趣，这时，你就成功地接纳了这个人。

或者换句话说：如果我们成功地看到了我们自身、

他人和梦中阴影承受者的未被阴影蒙蔽之处，我们习惯于不仅寻找阴影，还寻找光亮，那么，阴影的接纳就简单多了。

第九章

什么让阴影接纳变得困难

宁死也不能丢脸

有些人宁愿死也不愿丢脸。然而，如果阴影行为变得清晰可见，那么至少会使我们短暂地丢脸。

“宁死也不能丢脸!”具有极高理想自我和严厉超我的人会这么想。因为在此理想自我中或多或少会有意识地形成一些要求，而超我又会收回这些要求。理想自我不仅是我们将会被如何看待的问题，也不仅是人格面具的问题，背后隐藏着许多原则性的东西——价值的问题。我们可以用这种价值的实现与否衡量我们的生活，当然这不仅仅涉及内心的评价。我们在评价时总是有赖于别人，有赖于他们是如何看待我们的，以及给我们什么样的反馈，我们可以努力做得公正些。我们总认为自己是公正的，尽管是否公正要由外界来证实，但我们有这种印象，在我们的生活中这种价值显然是可以实现的。于是理想自我决定了我们用什么来测量我们自己的生活。有的人想成为正直的人，有的人想成为特别温柔的人，还有的人想成为事业上成就卓著的人，这一切都是理想自我的外在表现。

与阴影有关的是这样一个问题，我们是否可以把理想自我视作我们始终在有意识追求的理想，它是一种榜样，一种无法达到的标准；或者这种理想是否每时每刻都得实现，否则人就会立即充满失望，而与此有关的判断要由超我来完成。

我们知道，极高的理想自我可能是一种过分的要求。一个人试图凡事都做得非常公正，也许这是他对在家庭中感到不公正交往方式的反应。如果他已产生了这种公正，那么他肯定会有一个不公正的阴影，有时会产生一种被不公正的阴影碾过的感觉。他甚至可能对这种阴影特别敏感，已经感觉到了某些不公正，而对于具有不同理想的不同人来说，这些不公正会长久地存在于标准的范围之内。如果这个人把理想自我视作其行为的榜样，那么由此开始来实现理想自我是正常的，不会产生不良后果。如果相反，把实现这种理想自我作为一种绝对的要求，那么任何一种不公正的行为都是一种拒绝、一种灾难。这是要避免或至少要否认的。

接纳阴影并不意味着我们要牺牲自己的理想。或许有人会说，既然每一种理想都会留下阴影，那么还是根本没有理想比较好。那样我们在生活中没有需求，就没有重大的失望。阴影接纳的想法不能被用作解决理想自我的方法，这关系到不使理想目标绝对化，从而使我们把理想自我提升到理想的地位，也就是我们生活水平的理想目标。

如果我们不想制定一个可以衡量自己行为的目标，就不会全力以赴，就会无动于衷，觉得一切都无所谓，于是我们就被阴影蒙蔽了，我们为何而努力呢？但是如果我们从生活中所能创造的东西太少，就会产生忌妒[1]。偶尔的失望总比忌妒更好一些，因为人们从失望中更易产生创造性，而忌妒则不会。

如果阴影的接纳被集体误解了，以至于不得不牺牲这些理想，那时我们将生活在一个可以依赖的有效价值越来越少的社会里，但这种价值的丧失在阴影的接纳时恰恰不是这么回事。如果我们能正确地理解阴影的接纳，那么尽管在研究阴影时总会觉得在不同价值间进退两难，但不会简单地判定一个是胜利者，另一个是失败者，因为没有一种价值在内心是绝对的。

每一种理想无疑都会留下新的阴影，所以与阴影的交往是一场永远不会结束的战斗。康德认为，我们总是做坏事，尽管不是故意的，但我们必须对此承担责任。这也正是我们对于荣格心理学中提出的“原型阴影”的理解。这并不意味着生活中就没有那种我们感到没有阴影或已经习惯阴影的情形，实际上，总是存在着一些使我们遭遇深深的阴影骚扰的情形。

如果一种严厉的超我持续地要求实现，那么一种高度的理想自我就会特别成问题。我们在超我之下来理解内化的标准和规则，这些标准和规则部分产生于教育、宗教和我们在早期儿童内化和困难交往中的情结，以及以后生活中的情结事件，部分则直接来自我们生活的社会。

这种超我多少具有挑战性，多少使人得到满足：那些非常注重遵守规则的父母大多比那些能给予儿童满足的父母具有严厉的超我。受宗教的影响而把不遵守规则与罪过联系在一起的人，在孩童时就把宗教理解为他必须不断努力才能幸免于罪过的人，他们大多数在以后的生活中会有一个挑战性的超我。在挑战性超我的影响下对阴影行为是不会预先考虑的，它需要尽量避免。如果一旦发生，必须马上把它分割出去。

一个致力于实现理想自我的人是有助于他人的人。他会实实在在地完成他所承担的责任，并且力图把坚定的信念贯穿一生。他具有一种严厉的超我。他必须实现这一理想，否则他的人生就没有价值，他就会丧失其生活的意义。这样的思维组合会导致他不会出于防卫而反对他人的请求。这类人会突然被赋予一大堆杂乱的、他们不想负有的而且完成不了的职责，但他们会继续去完成，只是在睡梦中也许会把牙齿咬得咯咯响。大多数人都有自我调节机制：如果觉得太疲劳了，就会暂时摆脱枯燥无味的工作，在自由的时间里干一些快乐的事。但那种有责任意识的人就不会以快乐来补偿，因为在补偿时，在什么也不干时，阴影就会显露出来。这种人常常会对别人“可怕的懒惰”感到非常生气，懒惰就是他们的阴影。尽管如此，阴影还是无时无刻都会表现出来。

有一个在许多协会任职的男人，他非常乐于助人，对于如何改善别人的生活有许多设想。他说："如果我在堆积如山的文件下呻吟，我就会突然想到可以骑着我的旧摩托车穿过市区，发出震耳欲聋的轰鸣声。"至于为何不把这一想法付之于行动，他说："一方面我会被警察惩罚，另一方面别人会想，我大概无事可干了……"其实，在他的想象里早就有补偿的想法，但这种想法被他作为阴影给拒绝了。

还有一些人，他们在同样的情境中突然会生出逃避的想象。这时他们会把价值颠倒，把目前的生活说成是阴影，是美好生活的敌人——他们想象着"完全不同的生活"。通常，这是一种短暂的非创造性的尝试，因为私底下他们早就对逃避者作出了评价，甚至把他们想象为巴黎塞纳河桥下的流浪汉。在实现之前他们要对自由做出估计，光和阴影又重新被分成两类：光是现实的情境，阴影是那些逃避者的生活。

这些人在害怕什么？什么东西是不能让别人知道的和看到的？如果别人知道了这些"东西"，他们会怎么想？这些东西是有趣的，阴影就形成于这些不能让人知道的"东西"中。当然，一切都可以隐藏在这些"东西"

中：不能让人知道的疾病、不正常的性生活、完全正常的懒惰或稍稍偏离正常的迟钝。他们害怕别人对他们做出完全否定的评价，怕成为人们嘲笑的对象，怕自己无法承受生活，以至于不得不移居国外。

有这样反应的人不仅有非常高的理想自我，还有一个严厉的超我。这种胡乱联想的情况我们可以在具有抑郁心理结构的人身上非常明显地看到[2]。我们所说的“抑郁的心理结构”是指，某人以一种完全特定的方式构成一个人和其他人之间的交往关系以及自我和内心世界之间的交往关系，这个人强烈地屈服于对能力的要求，对想象中的环境的要求，并觉得由此而受到压抑，于是他的自尊降低了，需要重新以极高的理想自我去加以补偿。因为这些人不能实现想要达到的目标，也就是对同伴的爱和接纳，所以他们对自身的要求也越来越严格。如果这种人还得附加承受一次重大的损失体验——失去所爱的人，也可能是失去威望或工作，那么就会产生抑郁。但是，抑郁的人并不把这种疾病视作重新与自己交往的可能，或是一种发现自己对生活有所期待的机会。抑郁本身是一种心理的失灵，一种必须隐藏起来、不让他人发现的心理失灵，这就成了阴影。人可能会发展到自杀的地步，以便不让这种“耻辱”被别人知道。人们希望这些人在与阴影交往时有更多的自由。他们也会与阴影抗争，但只是以躲藏的方式。最后获胜的是阴影，人却死了。

有一个例子说明，阴影是多么令人感到羞耻，而躲避阴影又会产生怎样的致命后果。伯恩哈德·林克在小说《朗读者》[3]中这样描述：小说的主人公之一汉娜不会读写，她想尽一切办法隐藏这一事实。当她被提议升职时，这一“不光彩的缺陷”就要暴露了，于是她逃走了。战争期间，她在克拉科夫的一座小集中营中做过看守。因此，她和另外四个妇女在战后受到了起诉。因为她不会读起诉书，无法为辩护做准备，也不能写出一份挽回她命运的重要陈述，最后，所有的罪行都算在了她的头上。“害怕作为文盲而出丑甚于害怕犯罪？”[4]汉娜在狱中学习读书写字，当刑满释放时，她却自杀了。

阴影群

我们把什么东西压抑在无意识中，在无意识中什么东西有联系或共存着？对于这些问题的研究与意识的联系同样有意义：被团体排斥的人常常会聚在一起。所以人们在投射或梦中经常会有这样的印象，要想简单扼要地说明可转让的阴影特征不是那么简单的。阴影与阴影联结在一起就成为一个阴影群，但其他一些心理结构，例如阿尼玛或阿尼姆斯也会被阴影蒙蔽。在童话《牧鹅少女》中我们已经注意到，阿尼姆斯特征的发展可能会使我们以后更好地与阴影交往，抵御阴影的蒙蔽。

如果阿尼姆斯或阿尼玛受到阴影蒙蔽，人们常说这是“消极的”阿尼姆斯或“消极的”阿尼玛，我认为这种说法不正确，也毫无益处。一方面，作为顺序结构的原型本身既没有积极的说法，也没有消极的说法，只有在其与意识联系在一起后才能产生积极的作用或消极的作用；另一方面，如果我们涉及“被阴影蒙蔽的”阿尼姆斯或“被阴影蒙蔽的”阿尼玛时才能很好地进行治疗，那么“消极的”阿尼姆斯或“消极的”阿尼玛带有需要回避的味道。为了避免成为受阴影蒙蔽的阿尼姆斯或阿尼玛，较好的办法就是观察、理解和学习，以便进行交往。最后要指出的是，要把阴影和阿尼姆斯、阴影和阿尼玛相互分开。

于是，从权力阴影中产生了一种“权力阿尼姆斯”，它与一种阿尼姆斯形象联系在一起。我们把权力阴影视作受压抑的权力要求，是我们不能直截了当地表达出来让我们无法控制的权力要求。一种“权力要求”可能是这样形成的：阿尼姆斯的原型在心理上群集在一起，比如在梦境中通过精神上的联系与一种魅力相连接。如果这种魅力不能平和地存在，具有权力阴影的人就会以相应的话题来取悦许多人，至于人家是否需要，他不会管，他硬要把一些东西强加于别人，人们无法摆脱他。凡被如此“人性化”的人，应该考虑在这种行为的背后隐藏着怎样一种不被承认的权力欲。那些“阿尼姆斯被激活的人”可能显得非常充实，他们觉得奇怪，为什么人对精神的刺激是那么无动于衷。这是一个看到自己的权力阴影，接纳它并对它负责的问题，这也意味着我们不能轻易地去诋毁权力，而是无论如何要关心权力的获得和它的作用。当然，我们也绝对不能滥用它。

我们也可能会梦见神秘莫测的、极有魅力的陌生人，他具有某个同事特有的极度残暴的特征。这就是说，这个向我们展示神秘莫测心理特征的阿尼姆斯的形象被我们视为施虐狂，这些对我们还很陌生的自身特征被投下了施虐狂的阴影。童话中恶毒的山神是阴影和智慧老叟——一种阿尼姆斯的形象——的结合体，凶恶的女巫是阴影和智慧老妇——一种阿尼玛形象——的结合体。一种有阴影的阿尼玛在梦中表现为一个有魅力的、神秘莫测的陌生人，她戴着纱巾，看上去令人可憎，手上还拿着一个有毒的蘑菇。

面对有阴影的阿尼姆斯或阿尼玛应该做些什么呢？在这种情况下，对阴影和原型形象进行矫正是很有意义的：我们首先要观察被压抑的阴影。这不仅是我们个人的阴影，由于涉及女巫，也可能是一种社会的阴影。应该消除对这些阴影的压抑，这就是阴影的接纳。

阴影和阿尼姆斯/阿尼玛的矫正也可能以另一种方式进行：如果梦中的神秘陌生人具有某个施虐狂同事的面容，我们也可以暂时忘记这些特征，让梦中神秘陌生人的形象吸引我们，并且让与此有关的情感和幻想对我们产生作用。我们会感受到我们与内心一个非常重要的层面发生了联系，感受到比在通常情况下更了解自己。我们将更好地感觉到自己有一种良好的自尊，然后才去考虑那个神秘陌生人施虐的面容究竟应该是怎样的。这时也许会突然产生一种非常不好的感觉。当我们自己遭受不幸的时候，会倾向于对其他人采取暴虐的行为，也许会恶意地贬低他们，尽管我们是完全拒绝施虐行为的。

这种无意识中的阴影也可以用另一种形式来描述。有人这么说：“我三个月来只梦见雾中的景色、雾中的房屋、雾中的城市。”一般的阴影问题集中于无意识中的一些内容，但也可能表示巨大的忧伤笼罩着一切，这并不是一种异议。我们可以看到，我们不仅会把阴影投射在人的身上，也会投射在景色和氛围中。

在治疗过程中，在外表或行为上越来越被阴影蒙蔽的那些阴影形象是非常重要的。要把这种“被压缩的”阴影当作个人的阴影特征来接纳，在日常生活中去寻找它，并负责地对待它。但非常困难的是，我们应该如何分解这个被压缩的阴影群——所谓分解，从其深层的意义上来说就是对阴影的成分加以分析。接纳阴影的个别特征是可能的，因为这不会对代表整体人格的自尊产生强烈威胁。

梦中的例子

我把一些女人和男人做的非常相似的梦结合在一起，作为实例。以下这段描述的是一位三十四岁的女士做的梦：

我在自己的家里。屋里很暗，我听到一些声响，“嚓嚓”“吧嗒、吧嗒”。我透过猫眼向外看去，门外站着一个手拿斧头的巨人。我看到他的手爪，他长着一头红发，也许还有一身毛，看上去令人不寒而栗。我大汗淋漓地从梦中醒来。

这种怪异的形象是一种阴影群，是一种阴影特征的集中。那个可怕男人巨大的身材，创造了一种与庞然大物的联系。我们总是把庞然大物与非常令我们害怕的力量联系在一起，童话中他们常常是笨拙的，所以他们最终会被那些害怕他们的人愚弄。在这个梦中却不是这种情况：这个男人手拿一把斧头，给人的感觉他是个特别具有毁灭性的人。做梦者还产生了一种与野兽的联系，虽然有点儿模糊。如果是一头野兽，那么她可能无法与它交谈，因而变得更恐惧了[5]。红头发常常被与狂热的、充满色欲的人联系在一起，有时也与易怒和脾气暴躁的人联系在一起。这位女士回忆道，她小的时候听人说，红发之人是一种怪物，而现在这个怪物就在眼前。

与这个梦联系在一起的是一种极大的、与猜想有关的恐惧，这个巨人将“马上抓住”她，他会破门而入，把她杀死，或者他不是从门进来，而是通过门锁孔或门缝钻进来。不管她愿不愿意，这个巨人都要进来。他有一种强烈的攻击性。

我们在探讨梦的时候可以把注意力集中在各种阴影特征上。为了不使做梦者的自尊受到太大的震动，我们先接近那些不太会产生害怕的阴影特征。做梦者提到红头发，于是我问她，什么时候自己偶尔也会有一些“红头发”的行为。经过较长时间的交谈，她想到，自己曾经历过一种非常狂热和缠绵的性欲形式。这种形式受到人们的批评，说她“绝对”不是一个正经女人，而是一个性怪物。经过长时间的交谈后，她的这种性欲形式的阴影不再受压抑了，因为它在交谈中被提及。她不再认为这种个性成分是不合适的。实际上，她还觉得它很有吸引力呢。她深呼吸了一下，打起精神说：“为什么这么长时间以来我一直被囚禁在一种死气沉沉的、所谓‘正派人’的想法中呢？现在我觉得完全解放了。但如果这一切都是真的，也许看上去又是另一种情况。”这是有可能的。因为这些个性特征被压抑着，压抑会引发恐惧；使人恐惧的东西必须被压抑，被压抑的东西又会使人恐惧。但现在这个做梦者可能会对生活中的这些事产生一种好奇，产生一种充分发展自己强有力一面的兴趣，这时勇气就会大于恐惧。

现在她把话题转向那把斧头。经过长时间的交谈后她突然想到，她有时会粗暴地否定别人的想法，她向他们证明这些想法统统都是不切实际的。她说，虽然在大多数时候这样的做法是正确的，但她或许可以换一种方式，而不是采用这样一种非常粗暴简单的方式。

把混杂着各种阴影特征的梦分解成个别的阴影成分，可以采取这样一种方法，比如通过拟人化把阴影比作怪物，于是它理所当然不再会被接纳为自身的阴影形象。这些阴影特征就可以与日常的阴影行为联系在一起，并被接纳。如果我们接纳这些使我们非常害怕的阴影特征，就会给人的生命活力带来巨大提升。

第十章

交往中的阴影

所有被压抑的东西都会在内心汇合。比如我们在上一章中谈到过一种被蒙上阴影的阿尼姆斯或阿尼玛。在与这些阴影的交往过程中，不仅涉及内心过程的话题，还涉及交往的话题。各种阴影成分不仅会在人的内心，还会在与周围人的交往关系中结合在一起。

交往关系中的阴影是多层面的：有阴影的投射、投射的识别、阴影的转让，还有“共同的”阴影要比“个别的”阴影更重要这一事实。在爱情交往关系中，双方被压抑的阴影会被集结在阿尼玛和阿尼姆斯中[1]，它们集结在一起形成了一个“共同的”阴影。也有一些阴影是由交往的愿望产生的，如家庭阴影等。

阴影的投射经常并到处都会发生，特别是会发生在亲密的交往中。我们经常可以在别人身上看到自己的阴影，我们与别人身上的阴影斗争，但也许私下里还欣赏这些阴影。我们会觉得自己比阴影承受者更优越：我们是“好人”。这种与阴影的投射交往也会发生在兄弟姐妹之间、父母与孩子之间、情侣之间……

阴影集结在一起就会发生投射，但阴影不是经常集结在一起的，否则我们就时刻都要体验阴影的影响了。这些阴影特征也并不是经常被集结在一起的。我们的心理是十分活跃的。在一种状态下，阴影是比较容易集结的，那就是紧张。

虽然这种阴影的投射不是经常发生，或者很少发生，但一般我们会比较清楚伴侣有哪些阴影特征，我们有时也会与女友或男友谈论这些问题。但严格地说，我们并不能确切地知道谈论的到底是谁的阴影特征。这是我的阴影，那是一种投射吗？是他的或她的阴影吗？我会把别人根本不认为是阴影的东西看作其身上的阴影吗？一个典型的例子是：一个喜欢乱放东西的男人根本不会把这种行为看作阴影特征，而他特别爱整洁的妻子就会把这种不爱整洁的行为视作他的阴影，并强烈要求他改进。

由此我们也能理解前面提到过的阴影转让：我们感到生气，并认为男友或女友“不爱整洁，总是无所顾忌”……

吸收别人的阴影

还有一种特殊的投射形式是投射认同。我们把阴影投射在男友或女友身上，希望他或她能比我们自己更好地与之交往，为我们把这些阴影修整好，使我们也能接纳它们。

一个例子

一个二十八岁的男人认识一个女人已将近一年，男人说女人对他一点儿都不好。但女人对男人来说又非常重要，所以他不能放弃她。

“她到底有什么不好?”

“她引诱我与她亲近，我既欣赏她的举动，又会突然觉得反感。我认为我需要与她保持一定的距离。我并不愿意这样，但似乎又不得不如此。如果我反抗自己，就会觉得极度疲劳。我经常对她嘲笑挖苦，有时又会莫名其妙地觉得她非常妩媚可爱。”

在与其他女人的交往中，他没有遇到亲近和保持距离的问题，这一问题并不会出现在治疗时的交往关系中，也不会出现在梦中，更不会成为家庭中的一个话题。他把它称作一种“输入的”阴影。

他与这个女人谈论自己与她交往时产生的这个问题。对此，她并不感到新奇，也不觉得惊讶，她早就习以为常了。对她来说事情总是如此，她有过许多男友，他们的行为都是如此。她相信男人就是这样的：“男人认为我可以引诱他们，事后他们又会感到害怕、反感。他们觉得极度疲劳，对我冷嘲热讽，言语伤人。”这位女士概括了她与男人交往的经验，证明所有男人都有这样的性格特征。

在男人的体验和行为中可能会涉及对这个女人阴影的投射认同：她投射了亲近的愿望，使那个男人按照投射而行动。他认同了她进行的投射。她既希望亲近，又害怕亲近会在她心中产生一种期待，一种使人产生矛盾心理的期待，但她对亲近的害怕一点儿都没有表现在行为中。对这个男人的愿望，她的原话是这样的：“每当我想亲近你时，你都讨厌我，而当我想独处时，你却要我来满足你亲近的愿望。”如果这个男人识别了这种投射，他就会明白，这并不涉及他的阴影投射，他必须与她进行适当的交往，必须对这一指责做出相应的分析研究。

在心理治疗时常常会产生这样一种投射认同，这时，治疗师必须提出像他或她那样对待阴影转让的模式，这样阴影的危险就会减少，阴影就会比较容易被接纳。要想实现阴影的接纳，也可以学习像另一个人那样对待输入的阴影，他或她暂时把投射的阴影作为自己的阴影而认同阴影的转让，并采取相应的行为。

如果一个人的自我关联性很差，他就会把阴影投射到另一个相对来说与阴影不相一致的人身上，这样他或她就要让别人处理自己的阴影。心理医生要了解的是这个问题和人们对此采取何种态度。但在日常生活中，如果我们获得了这样一种“强迫的”阴影转让就会很生气，感到自己被人控制、受人摆布，被不公正地对待了，我们会立即要求那个人或其他人解决好自己的问题。

例子中的那个男人在表述一种矛盾的境地，好像那不是他自己的窘境，他不用为此自责，不用启发自己。

也许他会说：“我感到非常生气，也感到非常羞愧，因为在这种情境中，我的内心突然感到一种巨大的矛盾。一方面我要亲近你，另一方面我要推开你。这实际上是因为我没有认识到自己身上的某种东西。对你而言，这必定是糟糕的，你肯定也不知道你是对的。这些我是不会说的。以后如果我感觉到害怕，我会说出来。”

这是对待投射的一种可能性。前提是我们感受到并严肃地知道，这种投射在我们身上会引起何种感觉，引发何种行为，让我们能忍受这种“不平等性”的，也许还有与此相连的“害怕”。例子中的女人可能把这种处事方式当作对付交往中产生的矛盾心理和害怕的模式，尤其是她感受到人们会谈论这个问题，会对这种行为感到吃惊，但人们也会对此承担责任，她大可不必谴责自己。

把阴影投射在与我们不是很亲近的人身上，更可能会导致产生“敌人”的形象。在关系比较亲近的人中经常会产生许多对善意投射的认同，所以我们必须在交往中按照他人的口味把阴影加工得具有代表性，使之合乎他人的口味，以至能更好地互相接纳。在这里最重要的是要使我们的男友或女友经得起我们的阴影转让，不要被此摧垮。如果他或她无法应付这种阴影的转让，就会导致疾病，就会受到伤害，并且由此产生新的指责。那就不可能对阴影进行处理，而只会产生许多新的阴影。

阴影的转让

有一对夫妻，两人都近四十岁。妻子说，她的丈夫有许多“犯罪的能量”，但没有真正地去使用。这种“犯罪的能量”表现在，他有一些想法，比如如何使全国的铁路交通网瘫痪，或者如何才能探测到国防部电脑中的东西，免得几年后这些东西还是那么引人注目。他还经常考虑，如何神不知鬼不觉地抢劫银行。这个男人在日常的工作中是一个非常称职的雇员，完全令人信赖。但他的妻子生怕他有一天会把那些犯罪想法付诸行动——尽管那些想法都存在二十年了还没被真正实施。同时，她也承认，她非常喜欢听他说起那些想法。他认为，每当她十分专心地听他讲述那些想法时，他就会变得更有想象力。有时她会问他是否想写一本侦探小说。但大多数时候，她会谴责他，说他是“令人讨厌的幻想狂”“太天真”，他的行为是“青春期的骚动”。这又会使他产生另一些幻想。他觉得这些话是“最好的表扬”（也可能他只是假装如此）。接着，他开始讲述下一部“侦探小说”，她又饶有兴味地听着，还时不时地提出一些能使情节不断深化的问题……

这对夫妻表现出一个共同的阴影，妻子转让给丈夫，他在丈夫的帮助下，在幻想中对它做了完整的构思。这种共同阴影的特征是：比一般人更有力量，更卑鄙，更毫无顾忌地寻找自身的优点，比其他人更聪明，更狡猾。这对夫妻支持有意识的价值，如团结、人人平等。他们轻视银行，因为它们“盗窃第四世界穷人的钱”。

在我们提出阴影与转让阴影有关的假设之前，必须询问一下这种阴影表现是否与其他人在一起的时候发生过。丈夫说，他有时会与他的同事谈起这些幻想，但只有在妻子那里他才兴奋得起来。这也许很有趣，但没有什么创造性。如果说这两人二十年来一直在玩这种游戏，那么现在是写一本侦探小说的时候了。或者我认为更重要的是，看清阴影活动，也是夫妻俩决定他们应该更有力量和更无顾忌地生活，不需要总是做出巨大的自我牺牲，以及为自己不能像别人那样而生气的时候了。事实上，他们不得不对在想象中被掩饰和揭去伪装的阴影承担责任，而且是两个人的。

“共同的”阴影比“单个的”阴影更重要

即使得到了充分的爱、接受了良好教育的孩子，他们和同龄人在一起时，也会突然做出一些平时不可能做出的事。他们会大吵大闹起来。这种现象在青年团体中更加明显。这种团体英雄主义存在于阴影的充分发挥中，超我几乎难以与之抗衡。事后孩子会对此感到很羞愧，不能也解释不了为什么会这样，他们只知道：当他们做这件事时，“感觉好极了”。儿童和青年的恶作剧就属于这样一种特殊情形。

阴影行为发生感染时最初会被体验为“特别有趣”，但随后，阴影的自身产生了动力。阴影生活会使人暂时产生这样的想法，其他人会为此感到可怕——某些人自身非常强大，也有勇气。但人只是团体中的一员，没有人能对阴影行为承担责任。

这种现象也可以在夫妻关系中看到。

有一对将近三十岁的夫妻进行咨询，因为他们总是互相刺激对方去做一些无法接受的事，而丈夫或妻子一个人时却想做相反的事。“我们俩不在一起时，在单独的个人身上是无法找到那么多阴影行为的。我们这么做是因为我们很害怕影响夫妻关系。我们都试图不得罪对方，所以总是一起行动。我们想单独做什么事时，总会预想这种行为的后果。这表明我们并不觉得彼此是完全可以信赖的。我们在一起时，我们的行为就非常受阴影的影响。”他们究竟把什么视作阴影行为？对于这一问题，他们的共同答案是“撒谎”。如果丈夫和妻子单独出现，据他们说，“很少”或“根本不”撒谎。但只要他们在一起，就会撒谎——他们相互欺骗，还欺骗别人。同样被视作阴影行为的还有两人在一起时总是把别人说得很坏，虽然他们常在其他人面前谴责这种做法。跟别人在一起时，他们从来不这样，只有他俩在一起时才会如此。他们甚至偶尔一起去商店行窃。这与他们的理想自我是完全格格不入的。

这种共同的阴影是值得注意的。我们该如何去理解这对夫妻的行为呢？两人都有很高的理想，每个人独处时显然都能控制自己的阴影，把阴影压抑住，但两个人在一起时就不再压抑阴影了。我们知道，两个人可能比一个人更有创造性，更强大，更勇敢，更快乐。我们在两个人相处时会比单独一人时有更多的收获，当然偶尔也可能更少。有时两个人在一起反而创造性会少一些，快乐也会少一些，但这会起到强化这种动力的效果。如果这些情况发生在没有多少可寄予希望的品质的人身上，那么两个人在一起时含阴影的行为就会增多，两个人的压抑达到了临界状态，变得非常明显，从而可能产生从幻想到行为的突破。

对阴影行为的评价可能会发生变化：如果两个人都觉得撒谎有一种巨大的乐趣，并竭尽全力去实施，那么他们也许会认为这并不是什么很坏的事！使人们能共同生活的规律此时将完全失效，乐趣超过了尚存的一点超我。这种动因在团体中也能看到，因为在团体中“人”有互相支持的责任，而这是彼此心照不宣的。

对这对夫妻来说，他们的阴影行为确实是有问题的。他们对此感到羞愧，他们害怕在偷窃时被当场抓住。我对此表达了惊奇：如果他们要相互激发对方去做一些不能接受的行为，相互证明对方有如此不良的品行，为什么不离婚？

他们的答案是：他们相互爱着对方，从来没有爱过任何一个别的人。他们彼此过着一种全新的生活，比过去任何时候都有更多的选择性，不仅仅在阴影的充分发挥方面。他们把对方视作奇妙的团队成员。如果爱情是一种游戏，我们就必须自问是否存在着一种阿尼玛－阿尼姆斯交叉点[2]：如果两人间产生了爱情，那么我们就可以由此认为，这种相遇会激活阿尼玛和阿尼姆斯的形象。这种想象使人感觉到，由于有了对方，他变成了另一个人，一个自由的人，一个有更多的自我的人，每个人都比单独一个人时有更多的生活能力。如果我们审视一下这一阶段的梦或一对情侣相互发展起来的交往幻想，那么哪些阿尼玛和阿尼姆斯部分通过交往被激活就一目了然了。

如果这一假设对这对夫妻也适用的话，他们就有深层的内在生活和交往的可能性，这种可能性由于交往而被激活，阴影也是如此。如果我们试图找到这些不同阴影特征的共同原型，它可能是“赫尔墨斯特征”。赫尔墨斯是希腊神话中掌管商人、智者、小偷和旅行者的神，也是联系尘世与阴间的神，以及主管创造性的神。他总能找到新的途径，所以他负责发明；开拓、寻找新的途径激活创造性，使事情发生改变，这些都是与赫尔墨斯有关的话题。在这对夫妻身上，只有在阴影中才能清晰地看到赫尔墨斯的身影。两人似乎都有许多与“赫尔墨斯特征”有关的阴影被压抑，如果把这些阴影激活，其他的阴影部分也会被激活。由于夫妻双方都压抑着同一种特性，所以当两人在一起时，这种特性就会积聚起来。

我试图描述这对夫妻的赫尔墨斯特性，两人把这些特性置于他们有意识的生活中——一种非常安逸的生活，一种没有风险的生活的对立面。只有阴影才会引发风险和对生活能力的感觉。

接着，我们要进一步探讨那些阴影特征。我认为更重要的是他们各自以“我的阴影”而提到的那些特征，而不是“我们的阴影”。因为虽然当两个人在一起时这些阴影才被激活，然而很明显，两人各自提供了“自己的”阴影，每个人都必须对此负责。

交往理想的阴影

虽然理想能使阴影消失，但理想也总是会产生阴影。交往理想的阴影也令人害怕，因为它会威胁到交往。

如果交往原型在无意识的交往中联系在一起，交往双方就会有一种找到了另一半的感觉。他们有爱情的感觉，幸福的感觉，也许还有一点超验的感觉。在神话中把各种阿尼玛和阿尼姆斯的联系描绘成一对举行庄严婚礼的夫妻，这对夫妻符合一种特殊的交往理想，这种交往理想也适用于其他夫妻。

我们以一对力求效仿的神话夫妻——湿婆①和沙克蒂[3]的那种关系为例。湿婆和沙克蒂生活在永久的拥抱中，他们共有彼此的一切，相互满足，不允许有人闯入这种关系。一对夫妻自己相互满足，难舍难分，这种交往理想的阴影当然就是分离，这种分离是令他们害怕的。如果夫妻中的一个有独立的幻想——渴望进行单独的活动，他们就会表现出抗拒和害怕。这种阴影对夫妻幻想和真实关系是危险的，但如果它是得到允许的，它就会促进新的夫妻幻想的产生，使夫妻相互间得到进一步发展。

另一个例子是皮格马利翁[4]。对皮格马利翁来说，没有一个女人完全符合他的心意，所以他自己用象牙雕刻了一个女人。现在他有了绝对满意的女人，他永远爱她。

---

① 湿婆：婆罗门教、印度教三主神之一，是毁灭之神、苦行之神和舞蹈之神。湿婆译自梵语，意为“自在”，故亦称“大自在天”。

最后，爱神维纳斯把这座雕像变成了一个真人。把心中的完美幻想向普通人移植，这可能是一种交往理想，在这种交往理想中，情人成了“艺术品”。但如果一个“艺术品”是由有血有肉的人变来的又会如何呢？甚至自己本身突然变成了另一种形式的艺术品又会如何？在这样一种交往理想中，情侣的自我形象会成为阴影。

宙斯和赫拉[5]是完全不同的另一对，他们是希腊的“吵架夫妻”，他们通过争论形成了一种具有最佳距离的完美亲近。由于争吵，人们彼此间接近，但又保持着一种界限。如果可以通过争吵和争论达到“亲近”这一交往理想，那就是追求阴影的协调。

对苏美尔神话中的伊娜娜和杜姆齐来说[6]，这种理想是短暂的，但具有最强烈的性欲——色情的兴奋状态。在这里，阴影的职责是持续的。

如果我们观察一下这个尚需补充的基本模式就会清楚，每种情况都有一个完全特别的阴影，都有令人害怕的、需要躲避的一面。如果这种阴影成为有意识的，就表明这对夫妻暂时失去了交往的理想，但往往以后又会发展起一种新的交往幻想，它在现实中是不完美的，但大多数充满了生命活力。

对待交往中的阴影要比对待自己的阴影困难得多。只让伴侣的一方承担阴影的责任，这不太光明磊落。如果我们两人都有创造性，我们也不会说“你这么有创造性”这样的话了，而是会高兴地说，我们两人都有创造性；也可以更确切地说，我们两人都可能受阴影影响，所以我们要对自己的阴影承担责任。

如果一种交往的阴影被投射到夫妻中的一个人身上，在交往中就会产生一个“敌人”的形象：有人会成为坏蛋、魔鬼和阻碍真正令人满意的交往的人。这会导致固定的阴影转让，他人的自尊不仅得不到支持，而且会受到削弱。这样做会对两个人的交往产生巨大的危害性。

家庭的阴影

家庭的阴影常常是以一种“家庭秘密”的形式出现在我们面前：所有家庭成员对这个秘密只是大致了解，但没有人确切地知晓全部，外人则根本不知晓。这种阴影通常与失足、钱财、性丑闻、欺骗等诸如此类的事情有关。如果这些阴影非常重大，比如乱伦，它就会被分割。但这样一来，个别家庭成员的同一性就会被阴影蒙蔽。他们想要真正认识自己，认识自己的同一性，但这是被阻止的。因为这里总存在着一些看法上的分歧，而这些分歧是不允许外扬的。承认阴影，接纳阴影，并对它承担责任，这也就意味着感到阴影与自身具有较多的一致性。家庭治疗师一再指出，揭开这种家庭秘密是何等的重要。

依恋理论家洛特・科勒[7]指出，在大屠杀牺牲者的第二代中，家庭成员常常有这样一种印象，认为家庭里隐藏着某些难以启齿的事情。他们觉得作为阴影有被父母分割的精神创伤，而这些阴影有时会群集在一起，形成一个阴影群。洛特・科勒提到了一个母亲，她盯着孩子的脸回忆起集中营年代，孩子从母亲的脸上看到了恐惧，他想那时可能发生了非常可怕的事情。在发生可怕的事情时，孩子就会表现出依恋行为，于是就会企图寻找母亲的亲近，而这种亲近恰恰是母亲在眼下无法提供的，因为她在孩子面前正为恐惧情景所惊扰，而这又在孩子心中引发了一种“无法想象的恐惧”。

科勒夫人在报告中描绘的情境令人印象深刻：孩子无法想象发生了什么，但他也获得了恐惧的情绪，而且不可能得到安慰，这又引发了新的恐惧。据她的观察，这些孩子的反应与人们在发生滥用暴力的事件时所作出的反应相似，但这种事件并未发生，这只是父母辈被分割了的心灵创伤。

还有一个与家庭阴影有关的例子。

有一对父母觉得很奇怪，他们的孩子在生活中显得困难重重。他们有四个孩子：大儿子是个酒徒。二儿子是个极度紧张的工作狂，事实上他很“有成就”，是一个工作“干得不错”的人。他每天都工作很久，以至于没有时间去与别人交往，他越来越瘦，过得并不幸福。三女儿加入了一个令父母非常反感的宗教团体。最小的孩子是个严重的抑郁症患者。父母对此无法解释：“我们可是一个良好的、积极向上的家庭！”他们根本不知道什么是抑郁，“我们家的人都学会了不使自己意志消沉”。对于他们是怎么学会这一点的，夫妻俩说他们各有方法：如果有人觉得心情不舒畅，他就得不断大声说话，这能“激发活力”；如果这一方法不奏效，那肯定是时间不够长或做得不够好。他们认为，人需要的是能激励自己而不是自身也很消沉的朋友。类似这个家庭的例子在生活中比比皆是。

这引发了这样的问题：为什么意志消沉就不好？为什么我们心情不好时只能接纳能激励人的、令人高兴的朋友？也许父亲和母亲其实有一点儿抑郁，所以通过亚狂躁来抵御这种抑郁。这些总是忙忙碌碌、长时间大声说话、寻求他人激励的方法都是对抑郁的抵御。如果无论如何都要避免抑郁，那么避免抑郁就会成为阴影。如果某个抑郁的人一直很消沉，那就要使他意识到生活中什么可能是错的，什么不得不忍受。但正是这些东西是这些人想要回避的。

在上述例子中的孩子，每个人都在以各自的方式与这种阴影进行交往：长子的酒瘾可能是试图借酒浇愁；“工作狂”则继承了父母的衣钵，通过过度活动来抵御抑郁；归属某个宗教团体是女儿试图为自己找一个组织，给自己以生活内容；患有抑郁症的小儿子是家庭阴影的直接体现。然而，父母不理解孩子的行为，因为他们已经“成功”地遏制了抑郁。

当然，还有许多更平常的家庭阴影。我想到一个家庭，其家庭成员都有一种责任意识。他们努力工作，承担社会和政治义务。“责任优先”是大多数这种家庭的座右铭，但这里也要对伦理学进行一些思考和讨论。在这类家庭的阴影中也包括快乐、生活的乐趣和享受。在这种家庭中，人们存在着一种对追求生活乐趣的消极评价——享受主义是“堕落”的标志。个人的幸福不在于追求快乐，而在于工作和为大家所付出的劳动。实际上，生活中当然包含着责任，同时也包含着快乐，责任和快乐是能够相互共存的。

这个有“责任意识”的家庭中，有几个孩子，他们的年龄介于12岁到19岁之间。他们都在青春期脱离了父母，这是通过去过被父母视为阴影的“那种生活”而实现的。这些孩子有一句让父母显得无能为力的话：“我没有快乐。”或者说，他们虽然有快乐，但不是父母期望的那种。所以他们友善地解释说，人不能总是按照快乐原则生活，偶尔也应该有一些能够完成的责任。这些孩子赞同要友好地拒绝想要的东西，并强调他们现在没有快乐，他们将按快乐原则行事，摆脱父母那种按责任原则的生活。这使这个家庭处于极为紧张的状态，给父母带来了极大的压力。父母对自己感到同情：他们为孩子付出了许多，而现在孩子竟完全献身于快乐原则了！其实，当父母也按照快乐原则生活时，情形就会发生变化。

青春期的孩子为了打破父母生活的阴影，在青春期之前成功地压抑了这些阴影。事实上，父母要好好感谢这些年轻人，是孩子们向父母展现了他们的阴影，给了父母可以继续发展的契机。[8]除了孩子，谁还能向一个人如此明显地展现自己的阴影？

正是我们自己的阴影，促使我们对年轻人感到生气。

第十一章

阴影的爆炸力

年轻人是如何冲破父母的阴影的呢?

孩子最初是通过家庭范围内的体验去看待世界的。孩子越小，就越与父母同一。随着年龄的增长，这种同一性越来越少，到了青春期几乎为零。在这段时间里随着生理上的逐渐成熟，心理上相应地出现了一些重要的特征：自我反省和自我怀疑。年轻人对自己产生了怀疑，也对父母和他们与父母的同一性产生了怀疑。他们确信自己不必像父母一样；原本习以为常的东西现在被彻底拒绝，由此留下的真空为他们对新的生活方式、小团体、性欲的兴趣所填补。

他们在自我反省时也顺带对家庭进行了一番思考，

其结果常是指责："你们根本不像你们所说的那样，你们不诚实！"接着就会谈到那些常常体验到的阴影。通过这一过程，年轻人走向自己的生活。但在这一个阶段，他们会对阴影感到陌生。不能简单地认为，年轻人就是乐于过父母的阴影生活。伴随这些阴影，会产生许多令人害怕的和陌生的东西，这也会增强自我怀疑感。如果年轻人能在团体中过整个一代人的阴影生活，也足以使他们快乐。

过阴影生活这一行为本身具有破坏性，它干扰了父母热衷的压抑性教养，引起了混乱。阴影的价值始终威胁着现实适用的价值，那些会引发害怕所以被压抑的东西摆脱了压抑，现存的价值受到了质疑。年幼的孩子分享父母的价值，并对此加以确认，而年长的孩子则对此提出疑问。这是一种绝对的、几乎不可避免的阴影对抗。如果阴影能被接纳，如果不是简单地去谴责年轻人，把他们当作替罪羊，就会孕育一种极大的机会，使旧的投射机制得以维持。这要求父母更可靠，更诚实。

处于青春期的孩子在家里过着父母和家庭的阴影生活，在小团体中他们也会过着他们所属社会的阴影生活。20 世纪 80 年代曾出现过"苏黎世动荡"。年轻人称自己为“破冰船”：他们宣称，温暖、温柔、亲近存在于社会阴影中，他们想要打破这种冰冷的状态。

在青春期，他们不仅要使阴影从压抑中解放出来，并去体验这种阴影生活，同时也会承担着一种新的、被理解为团体压力的人格面具压力去冒险。离开家庭、自我怀疑、同一的不安全性等促使他们去寻找新的保障，这常常可以在同龄人的团体中找到，尤其是男孩。女孩更愿意走进一个由少数几个女生朋友组成的圈子里。这时，团体所维护的价值明显被当作坚实的阴影，如穿着、发式、所有年轻人的文化等。这种过阴影生活的表现会成为具有约束性的人格面具，比如宽松裤是对手工制作西装的反抗。人们必须“这样”穿着，否则就不“属于”这个团体。加入还是不加入，在团体“中”还是在团体“外”，这是一个重要的问题。从父母和社会的阴影中——这两者经常是相互重叠的——形成的人格面具会产生一种新的人格面具压力，它又会构成一种新的阴影。

尤其在年轻女性那儿，我们能看到“大团体压力”，她们会体验到一种“女性压力”。如今大多数人都能理解这句话：“每个女人都有权成为一个独立的、有自主权的人。”一些女性杂志还对这一目标进行了分解，为其制定了时间进程。比如先引导当代女性不要去化妆，即不要去承受女性压力。正处于青春期的女孩很难做到这一点，她们很难按照人们对于女性的定义去行事，比如如何穿着、如何对待自己的身体、如何与异性交往等。为了了解这种女性压力，为了决定是否承受这种压力，何处需要承受这种压力，承受到何种程度，年轻的女性必须具有一种良好的自我意识，也许还要有作为母亲的决断能力。[1]

第十二章

被阴影蒙蔽的女人

社会上还有一些没有被冲破的、模糊难辨的、必须被加以揭示的阴影。

比如，许多对女人有重要价值的东西体现在阴影中，这就意味着女人的强项会被说成弱点。由此我们知道，交往和交往关系的维持对女人来说是非常重要的[1]。许多研究结果证明，生活在一个能获得和给予支持的交往关系网中的女人通常有非常良好的自尊，她们能很好地面对恐惧和危机，较少会变得抑郁[2]。

如何谈论这样一些事实呢？女人们总是依赖交往，她们有一种和睦相处的交往方式。常常与同性朋友坐在一起闲聊，并且花大量时间来维持这种交往。众所周知，女人之间有说不完的话，通过这种交谈也能解释和解决一些问题。这种交谈是一种创造性的、能产生新东西的过程。这种女人间长时间的思想交流被很多人称为“咖啡屋闲扯”，这种现象在男人身上很少见，奇怪的是目前还没有“酒吧闲扯”。

从统计数据来看，女人比男人更容易动感情，更富于情感表现，这被视作“小女人的多愁善感”。女人过于激动会被视作歇斯底里，女人与身体的联系被视作自恋，与自然的联系被视作多愁善感的浪漫主义，女人有智慧被说成有“女学究气”或“男子气”，女人有灵性被理解为神秘主义。

因为这些贬义的说法，有价值的东西被视作没有价值，它们被蒙上了阴影。一些长处不被看成长处，反而被当作短处来对待，成为人们讥笑的对象。问题在于，女人常常察觉不到这是问题，反而也参与其中，使用这种贬义的言辞。如果女人这样做，只能说明她们承认自己是“蒙上阴影的一族”。

这里再次引用西格弗里德·菲尔齐希的话：“女人的仇恨、敌视性欲和过分的男性意识，是几百年来对恶进行投射的起因。”[3]

这种影响是很严重的。如果女人承认自己是“蒙上阴影的一族”，就会削弱她的自尊，她们为自己是个女人而感到低人一等。如果在阴影中原本有重要的、充满活力的一面，而现在这一切都没有了，那么我们必须自问：为什么女人就不能利用阴影的爆炸力？为什么她们很少能激活阴影中的潜能呢？许多东西早就在阴影里，但只有一部分阴影能被接纳，能被极大地激活。

对女人的这种消极状态可以举出许多理由：自尊水平越低，就越容易与进攻者同一。这里的“进攻者”就是指占统治地位的“男人”，而从“男人”的意见中不能正确地得知谁是她的个人代表。在与进攻者同一时，女人给自己蒙上了阴影，她们否认了自己的价值[4]。

总是有一些女人具有一种所谓的“派生的同一”：她们通过父亲、朋友、伴侣转让了自己的同一性，也就是说，父亲、朋友、伴侣希望她们怎样，她们就怎样，而不是根据自己的意愿去行动。她们做的一切都是为了更容易被人爱。正是因为交往对女人如此重要，所以她们才会随时准备与人修好，对发生的事情表示认同和喜欢，似乎这是不能被改变的。她们不懂得一切都可以有另一种样子，她们没有学会用“不行”这句话来对抗顺从的生活[5]。所以，她们的长处——交往能力——同时也成了极大的缺陷。

但是，为了在男人占统治地位的社会中让阴影真正发挥作用，女人必须记住男人、经济、科学这些阴影的特征。

第十三章

结束语

阴影不仅是指我们个人的阴影，也不仅仅是我们个人的事情。阴影存在于我们生活的所有关系中，无论是个人的，还是集体的。我们的责任是了解它在哪方面与我们的生活有关，它如何对我们的交往产生影响。我们不必经常去关心全部的阴影，只是在阴影成群时，在它对我们产生不良影响，或者觉得“世界太可怕了”必须投射时，才考虑阴影的接纳。

阴影接纳在个体的层面上能使自己平静：我接受自己的局限性，我知道自己能很好地处理意外的、不愉快的事。我们接纳自己的局限性，并不意味着我们不应该去克服它，或者仅是偶尔负责任地去超越它。从心理学的角度看，阴影的接纳更多地需要真实、可靠，我们不应该让别人负责我们自己责任内的事。

如果我们能在社会化过程中学会对待各种恐惧，把它看作合理的，能公开地对此议论，并由此取得了克服它的新方法，那么阴影的接纳将是一件比较简单的事[1]。人们如此害怕公开自己的阴影，以至于有的人不得不自杀[2]，当然，对阴影有点儿害怕的人也不可能达到敢于去杀人的程度。阴影的接纳能降低人们对生活的恐惧。我们会现实地对待自己和他人，更少自恋，对一切都习以为常，这样就减轻了恐惧带来的负担。阴影的接纳意味着承认我们自己在转变，我们的自身形象在不断改变，我们完全可以采用更多的方式去生活。

阴影的接纳也会促使我们产生责任心。我们不能再简单地对“坏人”“坏事”负责，我们必须始终这样问自己：在何种场合我们会有破坏性的行为和思想，我们又该如何去应对。当然，我们也会碰到不是我们投射的、来自他人的破坏性，这时我们会对此采取带有攻击性的防卫。如果我们投射了自己的破坏性，就应呼吁每个人尽可能地加以弥补。

如果我们接纳了阴影，交往中的冲突就会变得更明显。这样，交往就更广泛，我们就更能发展一种建设性的争论文化[3]。

从社会的角度来看，阴影与思想和价值的变化有关。空白总会被弥补，习惯总会被改变，特别是被年轻人弥补、改变。如果社会把阴影投射在“局外人”和陌生人身上，那么阴影本身不会有什么改变，却会为“局内人”勾勒出一种反对者的形象，也会激励部分“局内人”，并在其中产生无畏的反对者。我们要感谢社会上的每个年轻人，是他们揭露出了时代的阴影。我们也要向他们指出，在对待我们的阴影时，“应该”并且“能够”对阴影负责。不允许出现阴影是危险的，允许出现任何阴影也是危险的。

原则上，“阴影”“阴影的感受性”和“阴影的接纳”不仅是深层心理学家认为重要的概念，也是常出现在人们日常生活中的概念，是我们所有人都熟悉的思维形式。“阴影”这个说法已经得到了广泛传播。但其所能引发的结果也是如此吗？

我们不可能再倒退回康德以前的、中世纪的魔鬼和女巫的投射中。尽管我们讨厌阴影，但它仍有着巨大的能量。到了康德时期，情况有了一些改变：阴影作为潜在的能力存在于人们的身上，我们对自己个人的阴影负有不可推卸的责任，对集体阴影以及对我们自己的和世界的未来也负有一份责任。

致　谢

本书历经多年的发展，最终由一系列讲座演变而成，这些讲座也有 CD/MP3 版本。

我要衷心感谢所有在这个话题上给过我启发和灵感的人，尤其是那些允许我描述他们阴影历史的各个方面，以及他们如何处理这些方面问题的人。

注 释

第一章 阴影——荣格的一个概念

1. Jung, C. G.: Symbole der Wandlung. Gesammelte Werke (GW) 5. (Teil 1 ursprünglich erschienen 1911 und Teil 2 1912 im *Jahrbuch für psychoanalytische und psychopathologische Forschungen* III bzw. IV unter dem Titel »Wandlungen und Symbole der Libido. Beiträge zu einer Entwicklungsgeschichte des Denkens«.)
2. Ders.: Die Probleme der modernen Psychotherapie. In: GW 16, § 145.
3. Ebd.

第二章 人格面具和阴影

1. Jacobi, Jolande: Die Seelenmaske. Einblicke in die Psychologie des Alltags. Walter, Olten/Freiburg im Breisgau 1971.
2. Jung, C. G.: Über Wiedergeburt. In: GW 9/I, § 221.
3. Sherman, Cindy/Dickhoff, Wilfried: Cindy Sherman im Gespräch mit Wilfried Dickhoff. Kiepenheuer & Witsch, Köln 1995.
4. Jacoby, Mario: Scham-Angst und Selbstwertgefühl. Ihre Bedeutung in der Psychotherapie. Walter, Olten 1991.
5. Vgl. Kast, Verena: Freude, Inspiration, Hoffnung. 6. Aufl. Patmos, Ostfildern 2013; dies.: Vom Sinn der Angst. Wie Ängste sich festsetzen und wie sie sich verwandeln lassen. 7. Aufl. (13. Gesamtaufl.) Herder Spektrum, Freiburg im Breisgau 2014; dies.: Vom Sinn des Ärgers. Anreiz zur Selbstbehauptung und Selbstentfaltung. Neuausgabe. Herder, Freiburg im Breisgau u. a. 2014.
6. Vgl. Kruse, Otto: Emotionsentwicklung und Neurosenentstehung. Perspektiven einer klinischen Entwicklungspsychologie. Enke, Stutt-

gart 1991, S. 148.
7. Vgl. Kast, Verena: Vater-Töchter, Mutter-Söhne. Wege zur eigenen Identität aus Vater-und Mutter-Konstellationen. 4. Aufl. der Neuausgabe 2005. Herder, Freiburg im Breisgau 2012.
8. Vgl. Blomeyer, Rudolf: Aspekte der Persona. In: Analytische Psychologie 5. 1, 1974, S. 17 ff.
9. Jung, Psychologie der Übertragung, GW 16, § 452.

第三章 阴影

1. Vgl. Jung, C. G.: Theoretische Überlegungen zum Wesen des Psychischen. In: GW 8, § 409.
2. Vgl. Kast, Vom Sinn der Angst, S. 57 ff.
3. Vgl. dies.: Abschied von der Opferrolle. Das eigene Leben leben. Neuausgabe. Herder, Freiburg im Breisgau 2014.
4. Rank, Otto: Der Doppelgänger. Turia + Kant, Wien 1993 (Nachdruck von 1925).
5. Ebd., S. 19, Fußnote 2.
6. Vgl. Sigusch, Volkmar: Metamorphosen von Leben und Tod. In: Psyche 51. 9/10, 1997, S. 835 ff.
7. Jung, C. G.: Die Psychologie der Übertragung. In: GW 16, § 499.
8. Habermas, Jürgen: Vergangenheit als Zukunft. Pendo, Zürich 1990.
9. Vgl. Kast, Vom Sinn des Ärgers, S. 65 ff.
10. Vgl. dies.: Auf dem Weg zu sich selbst. Werden, wer ich wirklich sein kann. Patmos, Ostfildern 2015.
11. Vgl. Jung, C. G.: Der philosophische Baum. In: GW 13, § 481.

第五章 阴影是陌生的

1. Vgl. Jung, C. G.: Zur Psychologie der Trickster-Figur. In: GW 9/1, § 485.
2. Vgl. ders.: Über die Psychologie des Unbewußten. In: GW 7, § 103.
3. Kristeva, Julia: Fremde sind wir uns selbst. 11. Aufl. Suhrkamp, Frankfurt am Main 2013.

4. Vgl. Kast, Vater-Töchter, Mutter-Söhne.
5. Freud, Sigmund: Das Unheimliche (1919). In: Studienausgabe Bd. 4. S. Fischer, Frankfurt am Main 1997, S. 243 ff.
6. Strauch, Inge/Meier, Barbara: Den Träumen auf der Spur. Huber, Bern 1992.

第六章　集体阴影

1. Jung, C. G.: Zur Empirie des Individuationsprozesses. In: GW 9/I, § 567.
2. Ders.: Aion. Beiträge zur Symbolik des Selbst. GW 9/II, § 19.
3. Ders., Über die Psychologie des Unbewußten. In: GW 7, § 152.
4. Vgl. Kast, Verena: Die Dynamik der Symbole. Grundlagen der Jungschen Psychotherapie. 8. Aufl. Patmos, Ostfildern 2012, S. 114 ff.
5. Vierzig, Siegfried: Das Böse. Kohlhammer, Stuttgart u. a. 1984.
6. Kant, Immanuel, zitiert in ebd., S. 38 f.
7. Sölle, Dorothee, zitiert in ebd., S. 47 ff.
8. Camus, Albert: Die Pest. 81. Aufl. Rowohlt, Reinbek bei Hamburg 2013.
9. Aeschbacher, Urs: C. G. Jung, das »Dritte Reich« und die Macht der Verdrängung. In: Intra 6.26, 1996, S. 32–41.
10. Jung, C. G.: Nach der Katastrophe. In: GW 10, § 408.
11. Ders.: Wotan. In: GW 10, §§ 371–399.
12. Vgl. Evers, Tilman: Mythos und Emanzipation. Eine kritische Annäherung an C. G. Jung. Junius, Hamburg 1987; Jacoby, Mario: Antisemitismus-ein ewiges Schattenthema. In: Analytische Psychologie 23, 1992, S. 24–40; Kirsch, James: Jungs sogenannter Antisemitismus. In: Analytische Psychologie 16.1, 1985, S. 40–65; Neumann, Micha: Die Beziehung zwischen Erich Neumann und C. G. Jung und die Frage des Antisemitismus. In: Analytische Psychologie 23, 1992, S. 3–23; Samuels, Andrew: Politics and Psyche. Routledge, London/New York 1993; Spillmann, Brigitte: Die Wirklichkeit des Schattens. Kritische Überlegungen zu C. G. Jungs Haltung während des Nationalsozialismus und zur Ana-

lytischen Psychologie. In: Analytische Psychologie 29.4, 1998, S. 272 – 295.

13. Jung, C. G.: Nachwort zu »Aufsätze zur Zeitgeschichte«. In: GW 10, § 475.
14. Ders.: Nach der Katastrophe. In: GW 10, § 408.
15. Vgl. ebd., § 405.
16. Ebd., § 443.
17. Vgl. ders.: Die transzendente Funktion. In: GW 8, §§ 159 ff.
18. Vgl. ders.: Der Kampf mit dem Schatten. In: GW 10, §§ 450 ff.
19. Vgl. Kast, Dynamik der Symbole, S. 108 ff.
20. Jung, Der Kampf mit dem Schatten. In: GW 10, § 450.
21. Vgl. Neumann, Erich: Tiefenpsychologie und neue Ethik (1949). Kindler, München 1964, S. 9.
22. Röm 7, 19.
23. Neumann, Tiefenpsychologie und neue Ethik, S. 92.
24. Jung, C. G./Neumann, Erich: Die Briefe. Die Briefe 1933 – 1959. Analytische Psychologie im Exil. Herausgegeben von Martin Liebscher. Edition C. G. Jung im Patmos Verlag, Ostfildern 2015, S. 270.
25. Ebd. S. 342 ff.
26. Jung, C. G.: Erinnerungen, Träume, Gedanken. Aufgezeichnet und herausgegeben von Aniela Jaffé. Rascher, Zürich 1962, S. 332.
27. Ebd., S. 333.
28. Ebd.
29. Ebd., S. 331.
30. Vgl. Kast, Vater-Töchter, Mutter-Söhne.

第七章 阴影接纳的模式

1. Vgl. Wolkenstein, Diane/Kramer, Samuel N.: Inanna. Queen of Heaven and Earth. Harper & Row, New York 1987; Meador, Betty De Shong: Uncursing The Dark. Chiron, Wilmette 1992.
2. Vgl. Kast, Paare.
3. Aus: Meador, Uncursing the Dark, übersetzt von Pia Heller.

4. Vgl. ebd.
5. Vgl. Egner, Helga (Hg.): Leidenschaft und Rituale. Was Leben gelingen läßt. Walter, Zürich und Düsseldorf 1997.
6. Die Gänsemagd. In: Brüder Grimm: Kinder-und Hausmärchen. Bd. I. Herausgegeben und mit Nachwort versehen von C. Helbling. Manesse, Zürich 1946, S. 583 – 592. Für eine ausführlichere, allgemeine Interpretation dieses Märchens siehe: Kast, Verena: Das Mädchen im Sternenkleid und andere Befreiungsgeschichten im Märchen. Patmos, Ostfildern 2012, S. 11 – 47.
7. Vgl. Kast, Vater-Töchter, Mutter-Söhne.
8. Vgl. Schliephacke, Bruno P.: Märchen. Seele und Sinnbild. Aschendorff, Münster 1974.
9. Vgl. Kast, Verena: Animus und Anima. Zwischen Ablösung von den Eltern und Spiritualität. In: Frick, Eckhard/Huber, Roland: Die Weise von Liebe und Tod. Vandenhoeck & Ruprecht, Göttingen/Zürich 1998, S. 64 – 79.
10. Das Gilgamesch-Epos. Übersetzt und mit Anmerkungen versehen von Albert Schott. Neu herausgegeben von Wolfram von Soden. Reclam, Stuttgart 1997, S. 23 f.

第九章　什么让阴影接纳变得困难

1. Vgl. Kast, Verena: Über sich hinauswachsen. Neid und Eifersucht als Chancen für die persönliche Entwicklung. Patmos, Ostfildern 2015.
2. Vgl. Kast, Vom Sinn des Ärgers, S. 110 ff.
3. Schlink, Bernhard: Der Vorleser. Diogenes, Zürich 1997.
4. Ebd., S. 127.
5. Vgl. Kast, Vom Sinn der Angst, S. 190 ff.

第十章　交往中的阴影

1. Vgl. dies., Paare.
2. Vgl. ebd.
3. Vgl. ebd., S. 23 ff.
4. Vgl. ebd., S. 53 ff.
5. Vgl. ebd., S. 85 ff.

6. Vgl. ebd. , S. 69 ff.
7. Köhler, Lotte: Zur Anwendung der Bindungstheorie in der psychoanalytischen Praxis. In: Psyche 52.4, 1998, S. 387 ff.
8. Vgl. Kast, Verena: Loslassen und sich selber finden. Die Ablösung von den Kindern. 4. Aufl. der Jubiläums-Ausg. (24. Gesamtaufl.) Herder, Freiburg im Breisgau 2015.

第十一章　阴影的爆炸力

1. Vgl. Jung, Maria Theresia: Die Adoleszenz des Mädchens. Bestandsaufnahme und feministisch-psychologische Utopien. In: Egner, Helga (Hg.): Lebensübergänge oder Der Aufenthalt im Werden. Walter, Solothurn und Düsseldorf 1995, S. 33 – 55.

第十二章　被阴影蒙蔽的女人

1. Vgl. Gilligan, Carol: Die andere Stimme. Lebenskonflikte und Moral der Frau. Ungekürzte Taschenbuchausg. 5. Aufl. Piper, München/Zürich 1999; Brown, Lyn M./Gilligan, Carol: Die verlorene Stimme. Wendepunkte in der Entwicklung von Mädchen und Frauen. Ungekürzte Taschenbuchausg. dtv, München 1997.
2. Vgl. Belle, Deborah (Hg.): Lives in Stress. Woman and Depression. Sage, Beverly Hills u. a. 1982; Kast, Verena: Die beste Freundin. Was Frauen aneinander haben. Ungekürzte Ausg. 9. Aufl. dtv, München 2005.
3. Vierzig, Das Böse, S. 58.
4. Vgl. Kast, Abschied von der Opferrolle.
5. Dies.: Vom gelingenden Leben. Märcheninterpretationen. Walter, Zürich/Düsseldorf 1998.

第十三章　结束语

1. Vgl. Kast, Vom Sinn der Angst.
2. Vgl. Schlink, Der Vorleser.
3. Vgl. Kast, Vom Sinn des Ärgers.

参考文献

Aeschbacher, Urs: C. G. Jung, das » Dritte Reich « und die Macht der Verdrängung. In: Intra 6. 26, 1996, S. 32 – 41.

Belle, Deborah (Hg.): Lives in Stress. Woman and Depression. Sage, Beverly Hills u. a. 1982.

Blomeyer, Rudolf: Aspekte der Persona. In: Analytische Psychologie 5. 1, 1974, S. 17ff.

Brown, Lyn M. /Gilligan, Carol: Die verlorene Stimme. Wendepunkte in der Entwicklung von Mädchen und Frauen. Ungekürzte Taschenbuchausg. dtv, München 1997.

Camus, Albert: Die Pest. 81. Aufl. Rowohlt, Reinbek bei Hamburg 2013.

Egner, Helga (Hg.): Leidenschaft und Rituale. Was Leben gelingen läßt. Walter, Zürich und Düsseldorf 1997.

Evers, Tilman: Mythos und Emanzipation. Eine kritische Annäherung an C. G. Jung. Junius, Hamburg 1987.

Freud, Sigmund: Das Unheimliche (1919). In: Studienausgabe Bd. 4. S. Fischer, Frankfurt am Main 1997, S. 243 ff.

Die Gänsemagd. In: Brüder Grimm: Kinder-und Hausmärchen. Bd. I. Herausgegeben und mit Nachwort versehen von C. Helbling. Manesse, Zürich 1946, S. 583 – 592.

Das Gilgamesch-Epos. Übersetzt und mit Anmerkungen versehen von Albert Schott. Neu herausgegeben von Wolfram von Soden. Reclam, Stuttgart 1997.

Gilligan, Carol: Die andere Stimme. Lebenskonflikte und Moral der Frau. Ungekürzte Taschenbuchausg. 5. Aufl. Piper, München/Zürich 1999.

Habermas, Jürgen: Vergangenheit als Zukunft. Pendo, Zürich 1990.

Heidegger, Martin: Sein und Zeit (1927). Max Niemeyer, Tübingen 1963.

Jacobi, Jolande: Die Seelenmaske. Einblicke in die Psychologie des Alltags. Walter, Olten/Freiburg im Breisgau 1971.

Jacoby, Mario: Antisemitismus-ein ewiges Schattenthema. In: Analytische Psychologie 23, 1992, S. 24 –40.

Jacoby, Mario: Scham-Angst und Selbstwertgefühl. Ihre Bedeutung in der Psychotherapie. Walter, Olten 1991.

Jung, C. G.: Aion. Beiträge zur Symbolik des Selbst. GW 9/II.

Jung, C. G.: Erinnerungen, Träume, Gedanken. Aufgezeichnet und herausgegeben von Aniela Jaffé. Rascher, Zürich 1962.

Jung, C. G.: Der Kampf mit dem Schatten. In: GW 10, § § 444 –457.

Jung, C. G.: Nach der Katastrophe. In: GW 10, § § 400 –443.

Jung, C. G.: Nachwort zu » Aufsätze zur Zeitgeschichte «. In: GW 10, § § 458 –487.

Jung, C. G.: Die Probleme der modernen Psychotherapie. In: GW 16, § 114 –174.

Jung, C. G.: Die Psychologie der Übertragung. In: GW 16, § § 353 –539.

Jung, C. G.: Der philosophische Baum. In: GW 13, § § 304 –482.

Jung, C. G.: Symbole der Wandlung. Gesammelte Werke (GW) 5.

Jung, C. G.: Theoretische Überlegungen zum Wesen des Psychischen. In: GW 8, § § 343 –442.

Jung, C. G.: Die transzendente Funktion. In: GW 8, § § 131 –193.

Jung, C. G.: Über die Psychologie des Unbewußten. In: GW 7, § § 1 –201.

Jung, C. G.: Über Wiedergeburt. In: GW 9/I, § § 199 –258.

Jung, C. G.: Wotan. In: GW 10, § § 371 –399.

Jung, C. G.: Zur Empirie des Individuationsprozesses. In: GW 9/I, § § 525 –626.

Jung, C. G.: Zur Psychologie der Trickster-Figur. In: GW 9/I, § § 456 –488.

Jung, C. G./Neumann, Erich: Die Briefe. Die Briefe 1933 – 1959. Analytische Psychologie im Exil. Herausgegeben von Martin Liebscher. Edition C. G. Jung im Patmos Verlag, Ostfildern 2015.

Jung, Maria Theresia: Die Adoleszenz des Mädchens. Bestandsaufnahme und feministisch-psychologische Utopien. In: Egner, Helga (Hg.): Lebensübergänge oder Der Aufenthalt im Werden. Walter, Solothurn und Düsseldorf 1995, S. 33 –55.

Kast, Verena: Abschied von der Opferrolle. Das eigene Leben leben.

Neuausgabe. Herder, Freiburg im Breisgau 2014.
Kast, Verena: Animus und Anima. Zwischen Ablösung von den Eltern und Spiritualität. In: Frick, Eckhard/Huber, Roland: Die Weise von Liebe und Tod. Vandenhoeck & Ruprecht, Göttingen/Zürich 1998, S. 64 – 79.
Kast, Verena: Auf dem Weg zu sich selbst. Werden, wer ich wirklich sein kann. Patmos, Ostfildern 2015.
Kast, Verena: Die beste Freundin. Was Frauen aneinander haben. Ungekürzte Ausg. 9. Aufl. dtv, München 2005.
Kast, Verena: Die Dynamik der Symbole. Grundlagen der Jungschen Psychotherapie. 8. Aufl. Patmos, Ostfildern 2012.
Kast, Verena: Freude, Inspiration, Hoffnung. 6. Aufl. Patmos, Ostfildern 2013.
Kast, Verena: Loslassen und sich selber finden. Die Ablösung von den Kindern. 4. Aufl. der Jubiläums-Ausg. (24. Gesamtaufl.) Herder, Freiburg im Breisgau 2015.
Kast, Verena: Das Mädchen im Sternenkleid und andere Befreiungsgeschichten im Märchen. Patmos, Ostfildern 2012.
Kast, Verena: Paare. Beziehungsphantasien. Oder: Wie Götter sich in Menschen spiegeln. Kreuz, Stuttgart 1984 (Neuausgabe unter dem Titel: Paare. Wie Phantasien unsere Liebesbeziehung prägen. Herder, Freiburg im Breisgau 2015).
Kast, Verena: Über sich hinauswachsen. Neid und Eifersucht als Chancen für die persönliche Entwicklung. Patmos, Ostfildern 2015.
Kast, Verena: Vater-Töchter, Mutter-Söhne. Wege zur eigenen Identität aus Vaterund Mutter-Konstellationen. 4. Aufl. der Neuausgabe 2005. Herder, Freiburg im Breisgau 2012.
Kast, Verena: Vom gelingenden Leben. Märcheninterpretationen. Walter, Zürich/Düsseldorf 1998.
Kast, Verena: Vom Sinn der Angst. Wie Ängste sich festsetzen und wie sie sich verwandeln lassen. 7. Aufl. (13. Gesamtaufl.) Herder Spektrum, Freiburg im Breisgau 2014.
Kast, Verena: Vom Sinn des Ärgers. Anreiz zur Selbstbehauptung und Selbstentfaltung. Neuausgabe. Herder, Freiburg im Breisgau u. a. 2014.
Kirsch, James: Jungs sogenannter Antisemitismus. In: Analytische Psychologie 16. 1, 1985, S. 40 – 65.

Köhler, Lotte: Zur Anwendung der Bindungstheorie in der psychoanalytischen Praxis. In: Psyche 52. 4, 1998, S. 387ff.

Kristeva, Julia: Fremde sind wir uns selbst. 11. Aufl. Suhrkamp, Frankfurt am Main 2013.

Kruse, Otto: Emotionsentwicklung und Neurosenentstehung. Perspektiven einer klinischen Entwicklungspsychologie: Enke, Stuttgart 1991.

Meador, Betty De Shong: Uncursing The Dark. Chiron, Wilmette 1992.

Neumann, Erich: Tiefenpsychologie und neue Ethik (1949). Kindler, München 1964.

Neumann, Micha: Die Beziehung zwischen Erich Neumann und C. G. Jung und die Frage des Antisemitismus. In: Analytische Psychologie 23, 1992, S. 3 – 23.

Rank, Otto: Der Doppelgänger. Turia + Kant, Wien 1993 (Nachdruck von1925).

Samuels, Andrew: Politics and Psyche. Routledge, London/New York 1993.

Schliephacke, Bruno P.: Märchen. Seele und Sinnbild. Aschendorff, Münster 1974.

Schlink, Bernhard: Der Vorleser. Diogenes, Zürich 1997.

Sherman, Cindy/Dickhoff, Wilfried: Cindy Sherman im Gespräch mit Wilfried Dickhoff. Kiepenheuer & Witsch, Köln 1995.

Sigusch, Volkmar: Metamorphosen von Leben und Tod. In: Psyche 51. 9/10, 1997, S. 835 ff.

Spillmann, Brigitte: Die Wirklichkeit des Schattens. Kritische Überlegungen zu C. G. Jungs Haltung während des Nationalsozialismus und zur Analytischen Psychologie. In: Analytische Psychologie 29. 4, 1998, S. 272 – 295.

Strauch, Inge/Meier, Barbara: Den Träumen auf der Spur. Huber, Bern 1992.

Vierzig, Siegfried: Das Böse. Kohlhammer, Stuttgart u. a. 1984.

Vogel, Ralf T.: Das Dunkle im Menschen. Das Schattenkonzept der Analytischen Psychologie. Kohlhammer, Stuttgart 2015.

Wolkenstein, Diane/Kramer, Samuel N.: Inanna. Queen of Heaven and Earth. Harper & Row, New York 1987.

感谢作者照片提供方

The copyright for it is as follows：@ privat